高等职业教育电类专业规划教材——电气自动化系列

维修电工操作技能

张云龙　石　磊　主　编

房永亮　付志勇　赵继龙　副主编

清华大学出版社

北　京

内 容 简 介

本书以"够学够用"为原则,结构紧凑,例析适当,采用教学与培训相结合的方法,把操作方法与实用技术融入知识技能的学习中。书中全面阐述和讲解了维修电工的必备知识,为从事维修电工的人员介绍基本的方法和措施,主要内容包括:模块引导、职业素养、安全用电知识,电路的基本概念,常用电工工具及仪表的使用,电气照明,照明配电盘的制作与调试,动力配电盘的安装与调试,家庭室内用电的配电设计,内线工程,低压电器的识别、拆装与检修,小型变压器的特性参数测试,三相异步电动机的正转控制,三相异步电动机的正反转控制,工作台的往返控制,三相异步电动机的丫-△降压启动控制,三相异步电动机的顺序控制,三相异步电动机的反接制动,典型控制电路的故障检查与排除等。

本书可作为中、高等职业技术学院及职业高中电子类、机电类技能实训专业教材,也可作为上岗前职业培训(初、中级)维修电工考证的技能实训教材,也是相关工程技术人员、安装及维修电工的参考用书。

图书在版编目(CIP)数据

维修电工操作技能/张云龙,石磊主编. --北京:清华大学出版社,2015(2017.1重印)
高等职业教育电类专业规划教材.电气自动化系列
ISBN 978-7-302-38780-0

Ⅰ.①维… Ⅱ.①张… ②石… Ⅲ.①电工-维修 高等职业教育-教材 Ⅳ.①TM07

中国版本图书馆 CIP 数据核字(2014)第 291739 号

责任编辑:王剑乔
封面设计:傅瑞学
责任校对:袁 芳
责任印制:宋 林

出版发行:清华大学出版社
　　　　网　　　址:http://www.tup.com.cn,http://www.wqbook.com
　　　　地　　　址:北京清华大学学研大厦 A 座　　　邮　编:100084
　　　　社 总 机:010-62770175　　　　　　　　　　邮　购:010-62786544
　　　　投稿与读者服务:010-62776969,c-service@tup.tsinghua.edu.cn
　　　　质 量 反 馈:010-62772015,zhiliang@tup.tsinghua.edu.cn
　　　　课 件 下 载:http://www.tup.com.cn,010-62795764
印 装 者:北京鑫海金澳胶印有限公司
经　　　销:全国新华书店
开　　　本:185mm×260mm　　　印　张:13.25　　　字　数:301 千字
版　　　次:2015 年 3 月第 1 版　　　　　　　　　　印　次:2017 年 1 月第 2 次印刷
印　　　数:2001~3000
定　　　价:29.00 元

产品编号:062533-01

　　随着我国制造业飞速发展,技能型人才越来越受到重视,对技能型人才的培养迫在眉睫。为了满足中、高等职业教育发展的需求,扎实、有效地推进高职人才培养模式改革,提高人才培养质量,使学生更好地掌握操作技能,力求体现职业培训的规律,满足职业技能培训与鉴定考核的需要,我们根据"维修电工中级技能实训(考证)"课程教学大纲的要求组织编写了本书。

　　本书在编写过程中始终坚持"以学生为出发点、以职业标准为依据、以职业能力为核心、以行动为导向"的理念,从学生的实际出发,通过梳理典型工作任务,明确学习目标,打破传统教材的学习体系,遵循"从完成简单工作任务到完成复杂工作任务"的能力形成规律,体现"做中学、做中教"的教学方式,以技能实训为主,由浅入深,循序渐进,使得本书内容通俗易懂,具有简明、易懂、新颖、直观、实用的特点。

　　全书共设计了17个学习任务,将《国家职业标准——维修电工中级》要求应知、应会的知识融入每个学习任务。任务1～任务8的主要内容包括模块引导、职业素养、安全用电知识,电路的基本概念,常用电工工具及仪表的使用,电气照明,照明配电盘的制作与调试,动力配电盘的安装与调试,家庭室内用电的配电设计,内线工程等知识,主要介绍了现代企业要求员工掌握的必要素质要点、安全用电必备知识、直流电路及交流电路的基本知识、电工工具使用常识、电气照明及家庭室内布线基础知识。任务9～任务17的主要内容包括低压电器的识别、拆装与检修,小型变压器的特性参数测试,三相异步电动机的正转控制,三相异步电动机的正反转控制,工作台的往返控制,三相异步电动机的丫-△降压启动控制,三相异步电动机的顺序控制,三相异步电动机的反接制动,典型控制电路的故障检查与排除。主要介绍三相异步电动机和变压器的基本知识,以及三相异步电动机和双重连锁正反转等典型控制电路及其排故等内容。每个工作任务都包括教学任务单和教学主要内容。通过完成这些任务,让学生真正地掌握相关技能。

　　本书的教学课时数(包括实训)约为288学时,各院校可根据教学安排适当增减学时数,达到使学生学会技能的目的。

　　本书可作为中、高等职业技术学院及职业高中电子类、机电类技能实训专业教材,也可作为上岗前职业培训(初、中级)维修电工考证的技能实训教材,也是相关工程技术人员、安装及维修电工的参考用书。

本书由张云龙、石磊任主编,房永亮、付志勇、赵继龙任副主编。张云龙负责制定编写大纲和统稿、定稿,并编写任务 15～任务 17,石磊编写任务 11～任务 14,房永亮编写任务 4～任务 8,付志勇编写任务 1、任务 9 和任务 10,赵继龙编写任务 2 和任务 3。

本书在编写过程中得到了许多同行及企业专家的指导和帮助,特向他们表示衷心的感谢。同时也向为本书的编写和出版提供支持和帮助的各界人士表示诚挚的谢意!

在本书编写过程中,虽然我们力求完美,但由于教材改革幅度较大,并且我们水平有限,书中难免存在不足之处,恳请广大读者及同行、专家批评、指正,以便再版修订,谢谢!

编　者

2015 年 1 月

CONTENTS

模块引导、职业素养、安全用电知识

1.1 模块引导、职业素养、安全用电知识任务单

任务名称	模块引导、职业素养、安全用电知识		
任务内容	要　求	学生完成情况	自我评价
模块介绍	了解本模块在专业中的地位		
	了解主要内容和后续模块之间的关系，熟悉本模块的学习方法		
	了解本模块的学生学习评价标准，建立明确的学习目标		
安全知识	了解安全用电知识		
	了解安全操作规范		
生产现场管理	了解职业道德基本知识		
	了解安全文明生产与环境保护知识		
	了解质量管理知识		
考核成绩			

教学评价		
教师的理论教学能力	教师的实践教学能力	教师的教学态度

对本任务教学的建议及意见	

1.2　模块引导、职业素养、安全用电知识内容

【教与学导航】

1. 项目主要内容

(1)《维修电工》课程教学内容。

(2) 生产现场管理。

(3) 安全知识。

2. 项目要求

(1) 了解本模块在专业中的地位；了解主要内容和后续模块之间的关系；熟悉本模块的学习方法；了解本模块的学生学习评价标准，建立明确的学习目标。

(2) 了解"5S"的内容。

(3) 了解安全知识。

3. 教学环境

教学环境为维修电工实训室。

【教学内容】

1. 模块引导

1) 课程性质

本课程是高职自动化类的一门专业核心课程，是从事维修电工岗位工作的必修课。本课程的目的是培养学生认知电气设备安装、调试操作技能及故障分析，工具的使用与维护，以及安全文明生产的各个环节，掌握维修电工技能，具备从事维修电工工作的基本职业能力。

2) 设计思路

本课程总体设计思路，是以自动化类专业相关典型工作任务和职业能力分析为依据，确定课程目标，设计课程内容，以典型工作任务为线索，构建任务引领型的项目课程。

课程结构以维修电工典型工作任务为线索来设计，包括电气照明、电机控制等几个学习项目。课程内容与要求是在充分考虑维修电工技术人员中级职业资格标准的相关要求的基础上确定的。

为了充分体现"技能为核心、知识为支撑和职业素养养成为主线"的课程思想，将教学内容设计成若干个工作任务，以此为中心引出相关专业知识，渗透职业素养的积累，以典型的维修电工操作技能为基础，展开"教、学、做一体化"的教学过程。教学活动设计由易而难，多采用学习小组领取任务、查阅资料、制订方案、师生研讨、指导实施等师生互动的课内外活动形式，赋予师生广阔的创新空间。本课程要求充分运用现代职教理念与技术，引导学生在"学、做一体"的活动中学会学习，培养兴趣，锻炼技能，修炼素养；培养学生崇尚实践，崇尚技能，尊重科学，尊重劳动的意识；引导学生在与老师、同学共同讨论的过程中深化对学习内容的理解，形成基本的职业能力；培养学生的合作精神和团队精神。

本门课程的建议学时数为 288 学时。

3) 课程目标

通过本课程的学习,学生应能较全面地掌握电工基础知识,掌握电工基本操作和常见电气故障检修技能,培养起沟通、合作、安全用电等基本职业素养,为提高各专门化方向的职业能力奠定良好的基础,并在此基础上形成下述职业能力。

熟练使用常用电工工具。

牢固树立安全用电的思想。

养成良好的职业习惯。

掌握电路的基本概念。

掌握家装电工的实践技能。

熟练完成三相异步电动机的正反转控制。

熟练进行三相异步电动机丫-△降压启动的控制。

能进行三相异步电动机的顺序控制。

能进行三相异步电动机反接制动控制。

2. 安全知识

1) 安全用电

随着电气化的发展,人们在生产和生活中大量使用电气设备和家用电器。在使用电能的过程中,如果不注意用电安全,可能造成人身触电伤亡事故或电气设备损坏,甚至影响电力系统的安全运行,造成大面积的停电事故,使国家财产遭受损失,给人们的生产和生活造成很大影响。因此,在使用电能时,必须注意安全用电,以保证人身、设备、电力系统三方面的安全,防止事故发生。

人体触及带电体,承受过高的电压,导致死亡或受伤的现象叫做触电。触电伤害分为电击和电伤两种。

电击是指电流触及人体,使人的内部器官受到损害。它是最危险的触电事故。当电流通过人体时,轻者使人肌肉痉挛,产生麻木感觉;重者造成呼吸困难,心脏麻痹,甚至导致死亡。电击多发生在对地电压 220V 的低压线路或带电设备上,这些带电体是人们日常工作和生活中易接触到的。

电伤是指由于电流的热效应、化学效应、机械效应,或是在电流的作用下,使熔化或蒸发的金属微粒侵入人体皮肤,使皮肤局部发红、起泡、烧焦或组织破坏。电伤严重时,也可危及生命。电伤多发生在 1000V 及 1000V 以上的高压带电体上。它的危险虽不像电击那样严重,但也不容忽视。

人体触电伤害程度主要取决于流过人体的电流大小和电击时间长短等因素。人体触电后能摆脱的最大电流,称为安全电流。我国规定安全电流为 30mA·s,即触电时间在 1s 内,通过人体的最大允许电流为 30mA。人体触电时,如果接触电压在 36V 以下,通过人体的电流就不致超过 30mA,故安全电压通常规定为 36V。但在潮湿地面和能导电的厂房,安全电压规定为 24V 或 12V。

直接触电又分为单相触电和两相触电。

（1）单相触电

单相触电是指在人体和大地之间互不绝缘的情况下,人体的某一部分触及三相电源线中的任意一根导线时,电流从带电导线经过人体流入大地而造成的触电伤害。单相触电又分为中性线接地和中性线不接地两种情况。

① 中性线接地电网的单相触电。在中性线接地的电网中,发生单相触电的情形如图 1-1(a)所示。这时,人体触及的是相电压,在低压动力和照明线路中为 220V。电流经相线、人体、大地和中性点接地装置形成通路,触电的后果往往很严重。

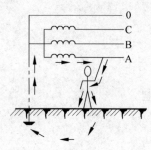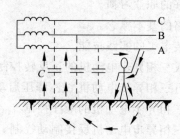

(a) 中性点接地系统的单相触电　　　　(b) 中性点不接地系统的单相触电

图 1-1　单相触电示意图

② 中性线不接地电网的单相触电。在中性线不接地的电网中,发生单相触电的情形如图 1-1(b)所示。当站立在地面的人手触及某相导线时,由于相线与大地存在电容,所以有对地的电容电流从另外两相流入大地,并全部经过人体流入人手触及的相线。一般来说,导线越长,对地的电容电流越大,其危险性越大。

（2）两相触电

两相触电也叫相间触电,是指在人体和大地绝缘的情况下,同时接触到两根不同的相线,或者人体同时触及电气设备的两个不同的带电部位时,电流由一根相线经过人体到另一根相线,形成闭合回路,如图 1-2 所示。两相触电比单相触电更危险,因为此时加在人体上的是线电压。

两相触电的防护方法主要是为带电导体加绝缘,为变电所的带电设备加隔离栅栏或防护罩等。

图 1-2　两相触电示意图

2）间接触电及其防护

间接触电主要有跨步电压触电和接触电压触电。虽然危险程度不如直接触电,也应尽量避免。

（1）跨步电压触电

当电气设备的绝缘损坏,或线路的一相断线落地时,落地点的电位就是导线的电位,电流将从落地点(或绝缘损坏处)流入大地。离落地点越远,电位越低。根据实际测量,在距离导线落地点 20m 以外的地方,由于入地电流非常小,地面的电位近似为零。如果有人走近导线落地点,由于人的两脚电位不同,则在两脚之间出现电位差,称为跨步电压。离电流入地点越近,跨步电压越大;离电流入地点越远,跨步电压越小;在 20m 以外,跨步电压很小,可以看作零。跨步电压的情况如图 1-3 所示。当发现跨步电压威胁时,应赶快把双脚并在一起,或赶快用一条腿跳着离开危险区,否则,若触电时间长,也会导致触电死亡。

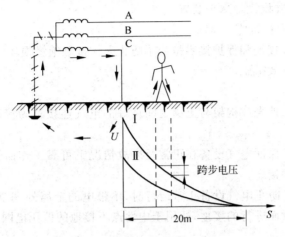

图 1-3 跨步电压触电示意图

Ⅰ—电位分布;Ⅱ—跨步电压

(2) 接触电压触电

导线接地后,不但会产生跨步电压触电,还会产生另一种形式的触电,即接触电压触电,如图 1-4 所示。图中,U_{xg} 为相电压;R_0 为变压器中性点接地电阻;U_f 为作用于人体的电压;R_d 为电动机保护接地电阻。

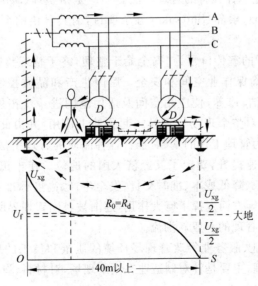

图 1-4 接触电压触电示意图

由于接地装置布置不合理,接地设备发生碰壳时造成电位分布不均匀,将形成一个电位分布区域。在此区域内,人体与带电设备外壳相接触时,会发生接触电压触电。

接触电压等于相电压减去人体站立地面点的电压。人体站立离接地点越近,接触电压越小,反之越大。当站立点离接地点 20m 以外时,地面电压趋近于零,接触电压最大,约为电气设备的对地电压,即 220V。接触电压触电防护方法是将设备正常时不带电的外露可导电部分接地,并设接地保护装置。

3)保护接地与保护接零

电气设备的保护接地和保护接零是为了防止人体接触绝缘损坏的电气设备所引起的触电事故而采取的有效措施。

(1)保护接地

电气设备的金属外壳或构架与土壤之间良好的电气连接称为接地,分为工作接地和保护接地两种。

工作接地是为了保证电气设备在正常及事故情况下可靠工作而进行的接地,如三相四线制电源中性点的接地。

保护接地是为了防止电气设备正常运行时,不带电的金属外壳或框架因漏电使人体接触时发生触电事故而进行的接地,适用于中性点不接地的低压电网。

(2)保护接零

在中性点接地的电网中,由于单相对地电流较大,保护接地不能完全避免人体触电的危险,要采用保护接零。将电气设备的金属外壳或构架与电网的零线相连接的保护方式叫保护接零。

3. "5S"相关内容

"5S"起源于日本,是指在生产现场中对人员、机器、材料、方法等生产要素进行有效的管理。这是日本企业一种独特的管理办法。"5S"是指整理(Seiri)、整顿(Seiton)、清扫(Seiso)、清洁(Seiketsu)、素养(Shitsuke)五个项目,因其日语的罗马拼音均以"S"开头,所以简称为"5S"。

1955 年,日本"5S"的宣传口号为"安全始于整理,终于整理整顿"。当时只推行了前两个"S",其目的仅是确保作业空间和安全。后因生产和品质控制的需要,逐步提出了"3S",也就是清扫、清洁、修养,使应用空间及适用范围进一步拓展。1986 年,日本有关"5S"的著作逐渐问世,对整个现场管理模式起到冲击作用,并由此掀起"5S"热潮。日本式企业将"5S"运动作为管理工作的基础,推行各种品质的管理手法。第二次世界大战之后,日本产品的品质迅速提升,奠定了其经济大国的地位。在丰田公司的倡导、推行下,"5S"对于塑造企业形象、降低成本、准时交货、安全生产、高度标准化、创造令人心旷神怡的工作场所、现场改善等方面发挥了巨大作用,逐渐被各国管理界所认识。随着世界经济的发展,"5S"成为工厂管理的一股新潮流。

"5S"应用于制造业、服务业等改善现场环境的质量和员工的思维方法,使企业能有效地迈向全面质量管理,主要是针对制造业在生产现场,对材料、设备、人员等生产要素开展相应的活动。

根据企业发展的需要,有的企业在"5S"的基础上增加了"安全(Safety)",形成了"6S";有的企业再增加"节约(Save)",形成"7S";还有的企业加上"习惯化(しゅうかんか,拉丁发音为 Shiukanka)"、"服务(Service)"和"坚持(しつこく,拉丁发音为 shitukoku)",

形成"10S"。有的企业甚至推行"12S"。但是,万变不离其宗,后者都是从"5S"衍生而来的。例如,在整理中要求清除无用的东西或物品,这在某些意义上来说,就涉及节约和安全。例如,横在安全通道中无用的垃圾,就是"安全"应该关注的内容。

1）"5S"目标

（1）工作变换时寻找工具、物品,能马上找到,寻找时间为零。

（2）整洁的现场,不良品为零。

（3）努力降低成本,减少消耗,浪费为零。

（4）工作顺畅进行,及时完成任务,延期为零。

（5）无泄漏,无危害,安全、整齐,事故为零。

（6）团结、友爱,处处为别人着想,积极干好本职工作,不良行为为零。

2）"5S"原则

（1）自我管理的原则

良好的工作环境,不能单靠添置设备,也不能指望别人创造。应当充分依靠现场人员,由现场的当事人员自己动手为自己创造一个整齐、清洁、方便、安全的工作环境,使他们在改造客观世界的同时,也改造自己的主观世界,产生"美"的意识,养成现代化大生产所要求的遵章守纪、严格要求的风气和习惯。因为是自己动手创造的成果,也就容易保持和坚持下去。

（2）勤俭办厂的原则

开展"5S"活动,从生产现场清理出很多无用之物,其中有的只是在现场无用,但可用于其他地方;有的虽然是废物,但应本着废物利用、变废为宝的精神,该利用的应千方百计地利用,需要报废的也应按报废手续办理并收回其"残值",千万不可只图一时处理"痛快",不分青红皂白地当作垃圾一扔了之。对于那种大手大脚、置企业财产于不顾的"败家子"作风,应及时制止、批评、教育,情节严重的要给予适当处分。

（3）持之以恒的原则

"5S"活动开展起来比较容易,可以搞得轰轰烈烈,在短时间内取得明显的效果,但要坚持下去,持之以恒,不断优化,就不太容易。不少企业发生过"一紧、二松、三垮台、四重来"的现象。因此,开展"5S"活动,贵在坚持。为将这项活动坚持下去,首先,应将"5S"活动纳入岗位责任制,使每一部门、每一人员都有明确的岗位责任和工作标准;其次,要严格、认真地搞好检查、评比和考核工作,将考核结果同各部门和每位人员的经济利益挂钩;第三,要坚持 PDCA 循环,不断提高现场的"5S"水平,即通过检查,不断发现问题,解决问题。因此,在检查、考核后,必须针对问题,提出改进措施和计划,使"5S"活动坚持不断地开展下去。

3）"5S"作用

（1）提高企业形象。

（2）提高生产效率和工作效率。

（3）提高库存周转率。

（4）减少故障,保证品质。

（5）加强安全,减少安全隐患。

（6）养成节约的习惯，降低生产成本。

（7）缩短作业周期，保证工期。

（8）改善企业精神面貌，形成良好企业文化。

4）"5S"方法

（1）定点照相

所谓定点照相，就是对同一地点，面对同一方向，持续性地照相。其目的就是把现场的不合理现象，包括作业、设备、流程与工作方法予以定点拍摄，并且进行连续性改善。

（2）红单作战

红单作战是指使用红牌子，让所有工作人员都能一目了然地知道工厂的缺点在哪里的整理方式。贴红单的对象包括库存、机器、设备及空间，使各级主管能一眼看出什么东西是必需品，什么东西是多余的。

（3）看板作战（Visible Management）

看板作战使工作现场人员都能一眼就知道何处有什么东西，有多少数量；也可将整体管理的内容、流程以及订货、交货日程与工作排程制作成看板，使工作人员易于了解，进行必要的作业。

（4）颜色管理（Color Management Method）

颜色管理就是运用工作者对色彩的分辨能力和特有的联想力，将复杂的管理问题简化成不同色彩，区分不同的程度，以直觉与目视的方法呈现问题的本质和改善情况，使每一个人对问题有相同的认识和了解。

5）"5S"内容

通过实施"5S"现场管理来规范现场、现物，营造一目了然的工作环境，培养员工良好的工作习惯，最终目的是提升人的品质。

（1）"1S"：整理

① 将工作场所中的任何东西区分为有必要的与不必要的。

② 把必要的东西与不必要的东西明确地、严格地区分开来。

③ 不必要的东西要尽快处理掉。

a. 目的

• 腾出空间，空间活用。

• 防止误用、误送。

• 塑造清爽的工作场所。

生产过程中经常有一些残余物料、待修品、待返品、报废品等滞留在现场，既占据地方，又阻碍生产。一些已无法使用的工夹具、量具、机器设备，如果不及时清除，会使现场变得凌乱。

b. 保持现场整洁、生产现场摆放不要的物品是一种浪费

• 即使是宽敞的工作场所，将越变越窄小。

• 棚架、橱柜等被杂物占据而减少使用价值。

• 增加了寻找工具、零件等物品的困难，浪费时间。

• 物品杂乱无章地摆放，增加盘点的困难，成本核算失准。

c. 注意点

要有决心,不必要的物品应断然地处置。

d. 实施要领

- 全面检查自己的工作场所(范围),包括看得到的和看不到的。
- 制定"要"和"不要"的判别基准。
- 将不要的物品清除出工作场所。
- 对需要的物品调查使用频度,决定日常用量及放置位置。
- 制定废弃物处理方法。
- 每日自我检查。

(2)"2S":整顿

① 对整理之后留在现场的必要的物品分门别类放置,排列整齐。

② 明确数量,并有效标识。

a. 目的

- 工作场所一目了然。
- 工作环境整齐。
- 减少寻找物品的时间。
- 消除过多的积压物品。

b. 注意点

这是提高效率的基础。

c. 实施要领

- 前一步骤——整理的工作要落实。
- 流程布置,确定放置场所。
- 规定放置方法,明确数量。
- 划线定位。
- 场所、物品标识。

d. 整顿的"三要素"

场所、方法、标识。

e. 放置场所

- 物品的放置场所原则上要 100% 设定。
- 物品的保管要定点、定容、定量。
- 生产线附近只能放真正需要的物品。

f. 放置原则法

- 易取。
- 不超出规定的范围。
- 在放置方法上多下工夫。

g. 标识方法

- 放置场所和物品原则上一对一表示。
- 现物表示和放置场所表示。

- 某些表示方法在全公司要统一。
- 在表示方法上多下工夫。

h. 整顿的"三定"原则

- 定点：放在哪里合适。
- 定容：用什么容器、颜色。
- 定量：规定合适的数量。

(3) "3S"：清扫

① 将工作场所清扫干净。

② 保持工作场所干净、亮丽的环境。

a. 目的

- 消除脏污,保持工作场所干净、明亮。
- 稳定品质。
- 减少工业伤害。

b. 注意点

责任化、制度化。

c. 实施要领

- 建立清扫责任区(室内外)。
- 执行例行扫除,清理脏污。
- 调查污染源,予以杜绝或隔离。
- 制定清扫标准,并作为规范。

(4) "4S"：清洁

将上述"3S"实施的做法制度化、规范化,并贯彻执行及维持结果。

① 目的

维持上面"3S"的成果。

② 注意点

制度化,定期检查。

③ 实施要领

a. 巩固上述"3S"工作。

b. 制定考评方法。

c. 制定奖惩制度,并加强执行。

d. 主管经常带头巡查,以表重视。

(5) "5S"：素养

通过晨会等手段,提高全员文明礼貌水准;培养每位成员养成良好的习惯,并遵守规则做事。开展"5S"容易,但长时间的维持必须靠职工素养的提升。

① 目的

a. 培养具有好习惯、遵守规则的员工。

b. 提高员工文明礼貌水准。

c. 营造团队精神。

② 注意点

长期坚持,才能养成良好的习惯。

③ 实施要领

a. 服装、仪容、识别证标准。

b. 共同遵守有关规则、规定。

c. 制定礼仪守则。

d. 训练(新进人员强化"5S"教育并实践)。

e. 开展各种精神提升活动(晨会、礼貌运动等)。

6) "5S"误区

(1) 我们公司已经做过"5S"了。

(2) 我们的企业这么小,搞"5S"没什么用。

(3) "5S"就是把现场搞干净。

(4) "5S"只是工厂现场的事情。

(5) "5S"活动看不到经济效益。

(6) 工作太忙,没有时间做"5S"。

(7) 我们是搞技术的,做"5S"是浪费时间。

(8) 我们这个行业不可能做好"5S"。

7) "5S"实施要点

(1) 整理:正确的价值意识——"使用价值",而不是"原购买价值"。

(2) 整顿:正确的方法——"三要素、三定"+整顿的技术。

(3) 清扫:责任化——明确岗位"5S"责任。

(4) 清洁:制度化及考核——"5S"时间;稽查、竞争、奖罚。

(5) 素养:长期化——晨会、礼仪守则。

8) "5S"检查要点

(1) 有没有用途不明之物。

(2) 有没有内容不明之物。

(3) 有没有闲置的容器、纸箱。

(4) 有没有不要之物。

(5) 输送带之下,物料架之下有否置放物品。

(6) 有没有乱放个人的东西。

(7) 有没有把东西放在通道上。

(8) 物品有没有和通路平行或成直角地放。

(9) 是否有变型的包装箱等捆包材料。

(10) 包装箱等有否破损(容器破损)。

(11) 工夹具、计测器等是否放在所定位置上。

(12) 移动是否容易。

(13) 架子的后面或上面是否置放东西。

(14) 架子及保管箱内之物是否按照标识置放。

（15）危险品有否明确标识,灭火器是否定期点检。

（16）作业员的脚边是否有零乱的零件。

（17）相同零件是否散置在几个不同的地方。

（18）作业员的周围是否放有必要之物(工具、零件等)。

（19）工场是否到处保管零件。

9）"5S"推行步骤

（1）成立推行组织

为了有效地推进"5S"活动,需要建立一个符合企业条件的推进组织——"5S"推行委员会。推行委员会的责任人包括"5S"委员会、推进事务局、各部门负责人以及部门"5S"代表等。不同的责任人承担不同的职责。其中,一般由企业的总经理担任"5S"委员会的委员长,从全局的角度推进"5S"的实施。

（2）拟定推行方针及目标

① 方针制定:推动"5S"管理时,制定方针作为导入的指导原则。方针的制定要结合企业具体情况,要有号召力。方针一旦制定,要广为宣传。

② 目标制定:目标的制定要同企业的具体情况相结合,作为活动努力的方向,以及便于在活动过程中检查成果。

（3）拟定工作计划及实施方法

① 日程计划作为推行及控制的依据。

② 搜集资料及借鉴他厂做法。

③ 制定"5S"活动实施办法。

④ 确定要与不要物品的区分方法。

⑤ 确定"5S"活动评比办法。

⑥ 确定"5S"活动奖惩办法。

⑦ 制定相关规定("5S"时间等)。

⑧ 工作一定要有计划,以便全体员工对整个过程全面了解;使得项目责任者清楚自己及其他担当者的工作任务及完成时间,以便相互配合,营造团队作战氛围。

（4）教育

教育是非常重要的,要让员工了解"5S"活动能给工作及自己带来什么好处,从而主动去做。这与被别人强迫去做效果完全不同。教育形式要多样化,讲课、放录像、观摩他厂案例或样板区域、学习推行手册等方式均可视情况采用。教育内容包括以下几个方面。

① 每个部门对全员进行教育。

② "5S"现场管理法的内容及目的。

③ "5S"现场管理法的实施办法。

④ "5S"现场管理法的评比办法。

⑤ 新进员工的"5S"现场管理法训练。

（5）活动前的宣传造势

"5S"活动要全员重视、参与,才能取得良好的效果。通过以下方法宣传"5S"活动。

① 最高主管发表宣言（晨会、内部报刊等）。

② 海报、内部报刊宣传。

③ 利用宣传栏。

（6）实施

① 作业准备。

②"洗澡"运动（公司上下彻底扫除）。

③ 地面划线及制定物品标识标准。

④ 开展"三定"、"三要素"。

⑤ 摄影。

⑥ 拟定并实施"5S 日常确认表"。

⑦ 作战。

（7）确定活动评比办法

① 确定系数：困难系数、人数系数、面积系数、教养系数。

② 确定评分法。

（8）查核

① 查核。

② 问题点质疑及解答。

③ 开展各种活动及比赛（如征文活动等）。

（9）评比及奖惩

依"5S"活动竞赛办法进行评比，公布成绩，实施奖惩。

（10）检讨与修正

各责任部门依缺点项目进行改善，不断提高。

（11）纳入定期管理活动

① 标准化、制度化的完善。

② 实施各种"5S"现场管理法强化月活动。

需要强调的一点是，企业因背景、架构、企业文化、人员素质不同，推行时可能出现各种不同的问题。推行办要根据实施过程中遇到的具体问题，采取可行的对策，以取得满意的效果。

10）"5S"实施方法

（1）整理（Seiri）：有秩序地治理。工作重点为理清"要"与"不要"。整理的核心目的是提升辨识力。整理常用的方法有以下几种。

① 抽屉法：把所有资源视作无用的，从中选出有用的。

② 樱桃法：从整理中挑出影响整体绩效的部分。

③ "四适"法：适时、适量、适质、适地。

④ 疑问法：该资源需要吗？需要出现在这里吗？现场需要这么多数量吗？

（2）整顿（Seion）：修饰、调整、整齐、整顿、处理。将整理之后的资源系统整合。其目的是最大限度地减少不必要的浪费。整顿提升的是整合力。常用的方法有以下几种。

① IE 法：根据运作经济原则，将使用频率高的资源进行有效管理。

② 装修法：通过系统的规划,将有效的资源利用到最有价值的地方。

③ "三易"原则：易取、易放、易管理。

④ "三定"原则：定位、定量、定标准。

⑤ 流程法：对于布局,按"流"的思想进行系统规范,使之有序化。

⑥ 标签法：对所有资源进行标签化管理,建立有效的资源信息。

(3) 清扫(Seiso)：清理、明晰、移除、结束。将不该出现的资源革除于责任区域之外。其目的是将一切不利因素拒绝于事发之前,严厉打击和扫除既有的不合理之处,营造良好的工作氛围与环境。清扫提升的是行动力。清扫常用的方法有以下几种。

① "三扫"法：扫黑、扫漏、扫怪。

② OEC法：日事日毕,日清日高。

(4) 清洁(Seiketsu)："清"指清晰、明了、简单,"洁"指干净、整齐。持续做好整理、整顿、清扫工作,将其形成一种文化和习惯,减少瑕疵与不良。其目的是美化环境、氛围与资源及产出,使自己、客户、投资者及社会从中获利。清洁提升的是审美力。常用的方法有以下几种。

① 雷达法：扫描权责范围内的一切漏洞和异端。

② 矩阵推移法：由点到面逐一推进。

③ 荣誉法：将美誉与名声相结合,以名声决定执行组织或个人的声望与收入。

(5) 素养(Shitsuke)：素质,教养。其工作重点是建立良好的价值观与道德规范。素养提升的是核心竞争力。通过平凡的细节优化和持续的教导及培训,建立良好的工作与生活氛围,优化个人素质与教养。常用方法有以下几种。

① 流程再造：执行不到位不是人的问题,是流程的问题。流程再造的目的就是解决这一问题。

② 模式图：建立一套完整的模式图来支持流程再造有效执行。

③ 教练法：通过摄像头式的监督模式和教练一样的训练,使一切别扭的要求变成真正的习惯。

④ 疏导法：像治理黄河一样,对严重影响素养的因素进行疏导。

11) "5S"实施难点

(1) 员工不愿配合,未按规定摆放或不按标准来做,理念共识不佳。

(2) 事前规划不足,不好摆放及不合理之处很多。

(3) 公司成长太快,厂房空间不足,物料无处堆放。

(4) 实施不够彻底,持续性不佳,抱持应付心态。

(5) 评价制度不佳,造成不公平,大家无所适从。

(6) 评审人员因怕伤感情,统统给予奖赏,失去竞赛意义。

12) "5S"实施意义

"5S"是现场管理的基础,是TPM(全员参与的生产保全)的前提,是TQM(全面品质管理)的第一步,也是ISO 9000有效推行的保证。

"5S"现场管理法能够营造一种"人人积极参与,事事遵守标准"的良好氛围。有了这种氛围,推行ISO、TQM及TPM就更容易获得员工的支持和配合,有利于调动员工的积极性,形成强大的推动力。

实施 ISO、TQM、TPM 等活动的效果是隐蔽的、长期性的,一时难以看到显著的效果,而"5S"活动的效果立竿见影。如果在推行 ISO、TQM、TPM 等活动的过程中导入"5S",将在短期内获得显著效果,以此增强企业员工的信心。

"5S"是现场管理的基础,"5S"水平的高低,代表了管理者对现场管理认识的高低,决定了现场管理水平的高低,决定了 ISO、TPM、TQM 活动能否顺利、有效地推行。通过"5S"活动,从现场管理着手改进企业"体质",能起到事半功倍的效果。

13)"5S"改善建议

(1) 结合实际,做出适合自己的定位:分析国内外其他优秀企业的管理模式,再结合实际,做出适合自己的定位。通过学习,让管理者及员工认识到"5S"是现场管理的基石。"5S"做不好,企业不可能优秀,应坚持将"5S"管理作为重要的经营原则。"5S"执行办公室在具体执行过程中扮演着重要角色,应该由有一定威望、协调能力强的中高层领导出任办公室主任。此外,如果邀请顾问辅导推行,注意避开生产旺季及人事大变动时期。

(2) 树立科学管理观念:管理者必须经过学习,加深对"5S"管理模式最终目标的认识。最高领导公司高层管理人员必须树立"5S"管理是现场管理的基础的概念,要年年讲、月月讲,并且要有计划、有步骤地逐步深化现场管理活动,提升现场管理水平。"进攻是最好的防守",在管理上也是如此,必须经常有新的、更高层次的理念、体系、方法的导入才能保持企业的活力。毕竟"5S"只是现场管理的基础工程,根据企业的生产现场管理水平,可以在导入"5S"之后再导入全面生产管理、全面成本管理、精益生产、目标管理、企业资源计划及各车间成本计划等。不过在许多现场管理基础没有构筑、干部的科学管理意识没有树立之前,盲目花钱导入这些,必定事倍功半,甚至失败。因为这些不仅仅是一种管理工具,更是一种管理思想、管理文化。

(3) 根据实际岗位,采取多种管理形式:确定"5S"的定位,再根据实际岗位,采取多种管理形式,制定相应的可行的办法。实事求是,持之以恒,全方位、整体的实施,有计划的过程控制,是非常重要的。公司可以倡导样板先行,通过样板区的变化,引导员工主动接受"5S",并在适当时间有计划地导入红牌作战、目视管理、日常确认制度、"5S"考评制度、"5S"竞赛等,在形式化、习惯化的过程中逐步树立全员良好的工作作风与科学的管理意识。

14)"5S"管理案例

(1) 项目背景

某著名家电集团(以下简称 A 集团)为了进一步夯实内部管理基础,提升人员素养,塑造卓越企业形象,希望借助专业顾问公司全面提升现场管理水平。集团领导审时度势,认识到要让企业走向卓越,必须先从简单的 ABC 开始,从"5S"这种基础管理抓起。

(2) 现场诊断

通过现场诊断发现,A 集团经过多年的现场管理提升,管理基础扎实,某些项目(如质量方面)处于国内领先地位。现场问题主要体现在以下三点。

① 工艺技术方面较薄弱。现场是传统的流水线大批量生产,工序间存在严重的不平衡,现场堆积了大量半成品,生产效率与国际一流企业相比,存在较大差距。

② 细节的忽略。在现场,随处可以见到物料、工具、车辆搁置,手套、零件在地面随处可见,员工熟视无睹。

③ 团队精神和跨部门协作的缺失。部门之间的工作存在大量的互相推诿、扯皮现象,员工缺乏主动性,只是被动地等、靠、要。

（3）解决方案

《现场"5S"与管理提升方案书》提出了以下整改思路。

① 将"5S"与改善现场效率相结合,推行效率浪费消除活动,建立自动供料系统,彻底解决生产现场拥挤,混乱和效率低下的问题。

② 推行全员"5S"培训,结合现场指导和督察考核,从根本上杜绝随手、随心、随意的不良习惯。

③ 成立跨部门的专案小组,对现有的跨部门问题进行登记和专项解决。在解决的过程中梳理矛盾关系,确定新的流程,防止问题重复发生。

根据这三大思路,从人员意识着手,在企业内部大范围开展培训,结合各种宣传活动,营造良好的"5S"氛围;然后,从每一扇门、每一扇窗、每一个工具柜、每一个抽屉开始,由里到外、由上到下、由难到易,逐步开展工作。全体员工经过一年多的努力,终于使"5S"在 A 集团每个员工心里生根、发芽,结出丰硕的成果。

（4）项目收益

① 全体员工经过一年多的努力,彻底改变了现场的脏乱差现象,营造出一个明朗、温馨、活力、有序的生产环境,增强了全体员工的向心力和归属感。

② 员工从不理解到理解,从"要我做"到"我要做",逐步养成事事讲究、事事做到最好的良好习惯。

③ 在一年多的推进工作中,从员工到管理人员,都得到严格的考验和锻炼,造就了一批能独立思考,能从全局着眼、具体着手的改善型人才,满足企业进一步发展的需求。

④ 配合 A 集团的企业愿景,夯实了基础,提高了现场管理水平,塑造了公司的良好社会形象,最终达到提升人员品质的目的。

电路的基本概念

2.1　电路的基本概念任务单

任务名称	电路的基本概念		
任务内容	要　　求	学生完成情况	自我评价
电路的 基本概念	理解电路的基本物理量，如电压、电流和电功率的概念		
	理解电功率和电能的概念及基本计算，会根据功率的计算结果判断是吸收功率还是发出功率		
	理解理想电压源及电流源的基本概念		
	能利用万用表，熟练测量电路中的电压		
	能列写简单电路的 KCL、KVL 方程		
	掌握交流电路的基本概念		
考核成绩			
教学评价			
教师的理论教学能力	教师的实践教学能力		教师的教学态度
对本任务教学的建议及意见			

2.2　电路的基本概念内容

【教与学导航】

1. 项目主要内容

（1）电路的主要物理量。

（2）电压源与电流源的概念。

（3）基尔霍夫定律。

（4）正弦量的三要素。

（5）三相交流电的基本概念。

2. 项目要求

（1）理解电路的基本物理量，如电压、电流和电功率的概念。

（2）理解电功率和电能的概念及基本计算，会根据功率的计算结果，判断是吸收功率还是发出功率。

（3）理解理想电压源及电流源的基本概念。

（4）能利用万用表熟练测量电路中的电压。

（5）能列写简单电路的 KCL、KVL 方程。

（6）掌握正弦交流电的基本概念。

（7）掌握三相交流电的基本概念。

3. 教学环境

教学环境为维修电工实训室。

【教学内容】

2.2.1　电路的组成及基本物理量

1. 电路的组成

电路是由各种电气元件按一定方式用导线连接组成的总体。它提供了电流通过的闭合路径。这些电气元件包括电源、开关、负载等。电路一般由电源、负载和中间环节三部分组成。

图 2-1 所示为一个最简单的电路。图中，电源为电池组 E，电源内部的电路称为内电路。负载为电灯。负载、连接导线和开关 S 组成外电路。

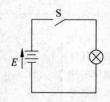

图 2-1　简单电路

电源是把其他形式的能量转换为电能的装置。例如，发电机将机械能转换为电能。负载是取用电能的装置，它把电能转换为其他形式的能量。例如，电动机将电能转换为机械能，电热炉将电能转换为热能，电灯将电能转换为光能。

中间环节在图 2-1 中指的是导线和开关，用来连接电源和负载，为电流提供通路，把电源的能量供给负载，并根据负载的需要接通和断开电路。

电路的功能和作用有两类：第一类功能是进行能量的转换、传输和分配；第二类功能是进行信号的传递与处理。例如，扩音机的输入是由声音转换而来的电信号，通过晶体管组成的放大电路，输出的便是放大了的电信号，从而实现放大功能；电视机可以将接收到的信号，经过处理，转换成图像和声音。

2. 电路的基本物理量

1）电流

电流是由电荷的定向移动形成的。当金属导体处于电场中时，自由电子受到电场力的作用，逆着电场的方向定向移动，于是形成了电流。其大小和方向均不随时间变化的电流叫做恒定电流，简称直流。

电流的强弱用电流强度来表示。对于恒定直流，电流强度 I 用单位时间内通过导体截面的电量 Q 表示，即

$$I = \frac{Q}{t} \tag{2-1}$$

电流的单位是 A（安[培]）。在 1 秒内通过导体横截面的电荷为 1C（库仑）时，其电流为 1A。计算微小电流时，电流的单位用 mA（毫安）、μA（微安）或 nA（纳安），其换算关系为

$$1\text{mA} = 10^{-3}\text{A}, \quad 1\mu\text{A} = 10^{-6}\text{A}, \quad 1\text{nA} = 10^{-9}\text{A}$$

习惯上，规定正电荷的移动方向表示电流的实际方向。在外电路，电流由正极流向负极；在内电路，电流由负极流向正极。

在简单电路中，电流的实际方向可由电源的极性确定；在复杂电路中，电流的方向有时事先难以确定。为了分析电路的需要，引入电流的参考正方向的概念。

在进行电路计算时，先任意选定某一方向作为待求电流的正方向，并根据此正方向来计算。若计算的结果为正值，说明电流的实际方向与选定的正方向相同；若计算的结果为负值，说明电流的实际方向与选定的正方向相反。图 2-2 所示为电流的参考正方向（图中实线所示）与实际方向（图中虚线所示）之间的关系。

图 2-2　电流的实际方向与参考方向的关系

2）电压

电场力把单位正电荷从电场中点 A 移到点 B 所做的功称为 A、B 间的电压，用 U_{AB} 表示，即

$$U_{AB} = \frac{W_{AB}}{Q} \tag{2-2}$$

电压的单位为 V（伏特）。如果电场力把 1C 电量从点 A 移到点 B 所做的功是 1J（焦耳），A 与 B 两点间的电压就是 1V。

计算较大的电压时用 kV（千伏），计算较小的电压时用 mV（毫伏），其换算关系为

$$1kV = 10^3 V, \quad 1mV = 10^{-3} V$$

电压的实际方向规定为从高电位点指向低电位点,即由"+"极指向"-"极。因此,在电压的方向上,电位是逐渐降低的。

电压总是相对两点之间的电位而言的,所以用双下标表示,一个下标(如 A)代表起点,后一个下标(如 B)代表终点。电压的方向由起点指向终点,有时用箭头在图上标明。当标定的参考方向与电压的实际方向相同时(如图 2-3(a)所示),电压为正值;当标定的参考方向与实际电压方向相反时(如图 2-3(b)所示),电压为负值。

3) 电动势

电动势是衡量外力,即非静电力做功能力的物理量。外力克服电场力把单位正电荷从电源的负极搬运到正极所做的功,称为电源的电动势。

如图 2-4 所示,外力克服电场力把单位正电荷由低电位 B 端移到高电位 A 端,所做的功称为电动势,用 E 表示,即

$$E = \frac{dW}{dq}$$

电动势的单位也是 V。如果外力把 1C 的电量从点 B 移到点 A,所做的功是 1J,电动势就等于 1V。

电动势的方向规定为从低电位指向高电位,即由"-"极指向"+"极。

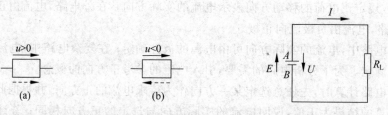

图 2-3   电压的实际方向与参考方向的关系   图 2-4   电动势

4) 电功率(功率)

传递或转换电能的速率叫做电功率,简称功率,用 p 或 P 表示。小写字母 p 是表示功率的一般符号,大写字母 P 表示直流电路的功率。

$$p = \frac{dw}{dt}, \quad p = \frac{dw}{dt} = \frac{dw}{dq} \cdot \frac{dq}{dt} = u \cdot i \tag{2-3}$$

在直流电路中,单位时间内电场力所做的功称为电功率,有

$$P = \frac{QU}{t} = UI \tag{2-4}$$

功率的国际单位是 W(瓦特)。对于大功率,采用 kW(千瓦)或 MW(兆瓦)作单位;对于小功率,用 mW(毫瓦)或 μW(微瓦)作单位。如果已知流过某电路的电流 I 和电压 U,可以很方便地求出它的功率。但是怎样判断该电路是吸收功率还是放出功率呢? 必须根据电流和电压的参考方向确定。

规定:

(1) 当电压和电流为关联参考方向(电流参考方向与电压参考方向一致)时,若 $P>0$,

该元件消耗(吸收)功率；若$P<0$，该元件释放(发出)功率。

（2）当电压和电流为非关联参考方向(电流参考方向与电压参考方向相反)时，若$P>0$，该元件释放(发出)功率；若$P<0$，该元件消耗(吸收)功率。

特别注意：在计算功率时，不仅要计算出数值，还要判断是吸收功率还是发出功率。

【例 2-1】 求图 2-5 所示各元件的功率。

解：（1）关联方向，$P=UI=5\times2=10(\text{W})$，$P>0$，吸收 10W 功率。

（2）关联方向，$P=UI=5\times(-2)=-10(\text{W})$，$P<0$，产生 10W 功率。

（3）非关联方向，$P=UI=5\times(-2)=-10(\text{W})$，$P<0$，吸收 10W 功率。

【例 2-2】 已知 $I=1\text{A}$，$U_1=10\text{V}$，$U_2=6\text{V}$，$U_3=4\text{V}$，电路图如图 2-6 所示。求各元件功率，并分析电路的功率平衡关系。

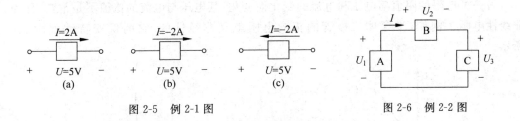

图 2-5　例 2-1 图　　　　　　　图 2-6　例 2-2 图

解：元件 A：非关联方向，$P_1=U_1 I=10\times1=10(\text{W})$，$P_1>0$，发出 10W 功率，电源。

元件 B：关联方向，$P_2=U_2 I=6\times1=6(\text{W})$，$P_2>0$，吸收 6W 功率，负载。

元件 C：关联方向，$P_3=U_3 I=4\times1=4(\text{W})$，$P_3>0$，吸收 4W 功率，负载。

可见功率平衡。

5) 电能

电能是指在一段时间内即(t_0,t_1)电路所吸收的能量，即

$$w(t_0,t_1)=\int_{t_0}^{t_1}p\,\mathrm{d}t=\int_{t_0}^{t_1}ui\,\mathrm{d}t$$

直流情况下，

$$W=P\cdot(t_1-t_0)$$

电能的单位是焦耳(J)或千瓦·时。实际生产生活中用 kW·h(千瓦小时)作单位，俗称"度"。

$$1\text{kW}\cdot\text{h}=3.6\times10^6\text{J}$$

【例 2-3】 有一只 $P=40\text{W}$，$U=220\text{V}$ 的白炽灯接在 220V 电源上，求通过白炽灯的电流 I。若白炽灯每天使用 4h，求该白炽灯 30 天消耗的电能 W。

解：
$$I=\frac{P}{U}=\frac{40}{220}=0.18(\text{A})$$
$$W=Pt=40\times10^{-3}\times4\times30=4.8(\text{kW}\cdot\text{h})$$

2.2.2 欧姆定律、线性电阻、非线性电阻

1. 电阻元件

（1）电阻：导体对电流的通过具有一定的阻碍作用，称为电阻，用字母 R 表示，单位是欧姆（Ω）。电阻是一种消耗电能的元件。

（2）电阻的电路符号： ○─[R]─○

2. 线性电阻、非线性电阻

在温度一定的条件下，把加在电阻两端的电压与通过电阻的电流之间的关系称为伏安特性。一般金属电阻的阻值不随所加电压和通过的电流而改变，即在一定的温度下其阻值是常数。这种电阻的伏安特性是一条经过原点的直线，如图 2-7 所示。这种电阻称为线性电阻。由此可见，线性电阻遵守欧姆定律。

另一类电阻的阻值随电压和电流的变化而变化，其电压与电流的比值不是常数，称为非线性电阻。例如，半导体二极管的正向电阻就是非线性的，它的伏安特性如图 2-8 所示。

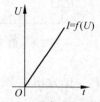

图 2-7 线性电阻的伏安特性

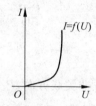

图 2-8 二极管正向伏安特性

半导体三极管的输入、输出电阻也都是非线性的。对于非线性电阻的电路，欧姆定律不再适用。

全部由线性元件组成的电路称为线性电路。本章仅讨论线性直流电路。

3. 单个电阻元件的欧姆定律

如图 2-9 所示电路，若 U 与 I 正方向一致，欧姆定律可表示为

$$U = RI \tag{2-5}$$

若 U 与 I 方向相反，欧姆定律表示为

$$U = -RI \tag{2-6}$$

电阻的单位是 Ω（欧［姆］），计量大电阻时用 kΩ（千欧）或 MΩ（兆欧），其换算关系为

$$1\text{k}\Omega = 10^3\,\Omega, \quad 1\text{M}\Omega = 10^6\,\Omega$$

电阻的倒数 $1/R = G$，称为电导，其单位为 S（西［门子］）。

4. 全电路的欧姆定律

含电源和负载的闭合电路称为全电路。图 2-10 所示是简单的闭合电路，R_L 为负载电阻，R_0 为电源内阻，若略去导线电阻不计，其欧姆定律表达式为

$$I = \frac{E}{R_0 + R_\text{L}} \tag{2-7}$$

式(2-7)的意义是：电路中流过的电流大小与电动势成正比，与电路的全部电阻成反比。电源的电动势和内电阻一般认为是不变的。所以，改变外电路电阻，就可以改变回路中的电流大小。

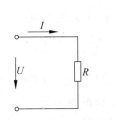

图 2-9　单个电阻元件电路

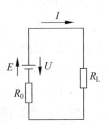

图 2-10　简单的闭合电路

2.2.3　电阻的连接

在实际电路中，常常不只接一个负载，而是接有许多负载。这些负载可按不同的需要以不同的方式连接起来，其中最普遍、应用最广泛的是串联和并联。下面分别介绍。

1. 电阻的串联

几个电阻没有分支地一个接一个依次相连，使电流只有一条通路，称为电阻的串联，如图 2-11 所示。

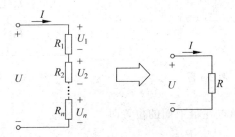

图 2-11　串联电阻示意图

串联电阻电路的特点如下。

(1) 通过各电阻的电流相等。

(2) 总电压等于各电阻电压之和，即

$$U = U_1 + U_2 + \cdots + U_n \tag{2-8}$$

(3) 各串联电阻对总电阻起分压作用。各电阻上的电压与其电阻大小成正比，即

$$\frac{U_1}{R_1} = \frac{U_2}{R_2} = \frac{U_3}{R_3} = \cdots = \frac{U_n}{R_n} \tag{2-9}$$

(4) 等效电阻(总电阻)等于各电阻之和，即

$$R = R_1 + R_2 + \cdots + R_n \tag{2-10}$$

当电路两端的电压一定时，串联的电阻越多，电路中的电流越小，因此电阻串联可以起到限流(限制电流)和分压的作用。如两个电阻串联时，各电阻上分得的电压为

$$U_1 = \frac{R_1}{R_1 + R_2} U, \quad U_2 = \frac{R_2}{R_1 + R_2} U$$

即电阻越大,所分得的电压越大。在实际中,利用串联分压的原理,可以扩大电压表的量程,还可以制成电阻分压器。

【例 2-4】 现有一块表头,满刻度电流 $I_G = 50\mu A$,表头的电阻 $R_G = 3k\Omega$。若要改装成量程为 10V 的电压表,如图 2-12 所示,试问应串联一个多大的电阻?

解: 当表头满刻度时,它的端电压为

$$U_G = I_G R_G = 50 \times 10^{-6} \times 3 \times 10^3 = 0.15(V)$$

设量程扩大到 10V 时所需串联的电阻为 R,则 R 上分得的电压为

$$U_R = 10 - 0.15 = 9.85(V)$$

故

$$R = \frac{R_G}{U_G} U_R = \frac{3}{0.15} \times 9.85 = 197(k\Omega)$$

即应串联 197kΩ 电阻,方能将表头改装成量程为 10V 的电压表。

【例 2-5】 收音机或录音机的音量控制采用串联电阻分压器电路调节其输出电压,如图 2-13 所示。设输入电压 $U = 1V$;R_1 为可调电阻(也称电位器),其阻值在 $0 \sim 4.7k\Omega$ 的范围内调节;$R_2 = 0.3k\Omega$。求输出电压 U_o 的变化范围。

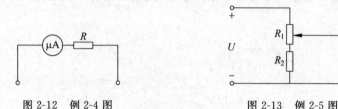

图 2-12 例 2-4 图   图 2-13 例 2-5 图

解: 当 R_1 的滑动触点在最下面的位置时,

$$U_o = \frac{R_2}{R_1 + R_2} U = \frac{0.3}{4.7 + 0.3} \times 1 = 0.06(V)$$

当 R_1 的滑动触点在最上面的位置时,

$$U_o = 1V$$

因此,输出电压的调节范围为 $0.06 \sim 1V$。

2. 电阻的并联

几个电阻的一端连在一起,另一端也连在一起,使各电阻所承受的电压相同,称为电阻的并联,如图 2-14 所示。

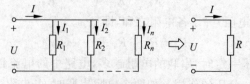

图 2-14 并联电阻示意图

电阻并联电路有以下特点。

（1）各并联电阻两端的电压相等。

（2）总电流等于各电阻中的电流之和，即

$$I = I_1 + I_2 + \cdots + I_n \tag{2-11}$$

（3）并联电路等效电阻（总电阻）的倒数等于各并联电阻倒数之和，即

$$\frac{1}{R} = \frac{1}{R_1} + \frac{1}{R_2} + \cdots + \frac{1}{R_n} \tag{2-12}$$

如果只有 R_1 及 R_2 两个电阻并联，则等效电阻为

$$R = \frac{R_1 R_2}{R_1 + R_2} \tag{2-13}$$

（4）电阻并联电路对总电流有分流的作用，即

$$I_1 = \frac{RI}{R_1}, \quad I_2 = \frac{RI}{R_2}, \quad I_3 = \frac{RI}{R_3}$$

【例 2-6】 在电压 $U=220\text{V}$ 的电路中并联一盏额定电压 220V，功率 $P_1=100\text{W}$ 的白炽灯和一个额定电压 220V，功率 $P_2=500\text{W}$ 的电热器。求该并联电路的总电阻 R 及总电流 I。

解：流过白炽灯的电流 $I_1 = \dfrac{P_1}{U} = \dfrac{100}{220} = 0.454(\text{A})$

白炽灯的电阻 $R_1 = \dfrac{U}{I_1} = \dfrac{220}{0.454} = 485(\Omega)$

流过电热器的电流 $I_2 = \dfrac{P_2}{U} = \dfrac{500}{220} = 2.27(\text{A})$

电热器的电阻 $R_2 = \dfrac{U}{I_2} = \dfrac{220}{2.27} = 97(\Omega)$

总电阻 $R = \dfrac{R_1 R_2}{R_1 + R_2} = \dfrac{485 \times 97}{485 + 97} = 80.8(\Omega)$

总电流 $I = I_1 + I_2 = 0.454 + 2.27 = 2.724(\text{A})$

2.2.4 电气设备的额定值以及电路的几种状态

1. 额定值

连接导线以及电动机、变压器等电气设备的导电部分都有一定的电阻，它们工作时，电流流过导体，使一部分电能变为热能而损耗。通常把这部分能量损耗称为铜损。由于铜损的存在，降低了电气设备的效率，并使设备的温度升高。连接导线和电气设备都有绝缘部分，由于材料的绝缘水平、机械强度等性能具有一定的范围，因此电气设备工作时，温度不能太高。如果温度过高，绝缘材料将变脆损坏，甚至引起事故。所以，电气设备工作时都规定了最高允许温度。例如，橡胶绝缘的最高温度是 65℃，电缆的最高允许温度为 50~80℃。

电气设备开始工作时，温度逐渐上升，一部分热量散发到周围介质中。随着电气设备与周围介质温差增大，热量散发加快，直到单位时间内设备产生的热量与散发的热量相等，温度不再升高，此时电气设备的温度称为稳定温度。

通常情况下,电气设备的额定值有以下几个。

(1) 额定电流(I_N):电气设备长时间运行,稳定温度达到最高允许温度时的电流,称为额定电流。

(2) 额定电压(U_N):为了限制电气设备的电流,考虑绝缘材料的绝缘性能等因素,允许加在电气化设备上的电压限值,称为额定电压。

(3) 额定功率(P_N):在直流电路中,额定电压与额定电流的乘积就是额定功率,即

$$P_N = U_N \cdot I_N \tag{2-14}$$

电气设备的额定值都标在铭牌上,使用时必须遵守。例如,一盏灯泡标有"220V,60W"的字样,表示该灯在 220V 电压下使用,消耗功率为 60W。若将该灯泡接在 380V 的电源上,会因电流过大而将灯丝烧毁;反之,若电源电压低于额定值,灯泡虽能发光,但灯光暗淡。

2. 电路的几种状态

电路在工作时有三种工作状态,分别是通路、短路和断路。

1) 通路(有载工作状态)

如图 2-15 所示,电源与负载接成闭合回路,电路便处于通路状态。在实际电路中,负载都是并联的,用 R_L 代表等效负载电阻。在图 2-15 中,R 表示负载。

电路中的用电器是由用户控制的,而且经常变动。当并联的用电器增多时,等效电阻 R_L 减小,而电源电动势 U_S 通常为一个恒定值,且内阻 R_0 很小。电源端电压 U 变化很小,则电源输出的电流和功率将随之增大,这时称电路的负载增大。当并联的用电器减少时,等效负载电阻 R_L 增大,电源输出的电流和功率将随之减小,这种情况称为负载减小。可见,所谓负载增大或负载减小,是指增大或减小负载电流,而不是增大或减小电阻值。电路中的负载是变动的,所以电源端电压的大小随之改变。电源端电压 U 随电源输出电流 I 的变化关系,即 $U=f(I)$,称为电源的外特性。外特性曲线如图 2-16 所示。

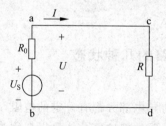

图 2-15　通路的示意图

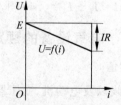

图 2-16　电源的外特性图

根据负载大小,电路在通路时又分为三种工作状态:满载工作状态、轻载工作状态和过载工作状态。当电气设备的电流等于额定电流时,称为满载工作状态;当电气设备的电流小于额定电流时,称为轻载工作状态;当电气设备的电流大于额定电流时,称为过载工作状态。

2) 断路

断路就是电源与负载没有构成闭合回路。在图 2-17 所示电路中,当 S 断开时,电路处于断路状态。断路状态的特征是:$R=\infty$,$I=0$。

断路状态下，$I=0$，则 $U=U_{OC}=U_S$。因此，可以简单地用电压表测量电源的电动势。

3）短路

电源两端被导线直接短路，则负载电阻 $R=0$，称为短路状态。此时流过电源的电流称为短路电流，$I=I_{SC}=\dfrac{U_S}{R_0}$。由于电源内阻通常很小，因此短路电流一般很大，超过正常工作电流许多倍，可能导致电源、流过短路电流的电器及连接导线损坏，或造成火灾、爆炸等严重事故，如图 2-18 所示。

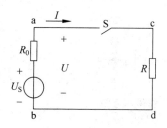

图 2-17　断路的示意图

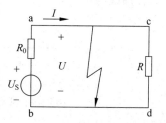

图 2-18　短路的示意图

为了防止短路事故，避免损坏电源，常在电路中串接熔断器。熔断器中装有熔丝。熔丝是由低熔点的铅锡合金丝或铅锡合金片做成的。一旦短路，串联在电路中的熔丝将因发热而熔断，保护电源免于烧坏。

2.2.5　电压源、电流源及其等效变换

1. 理想电压源

蓄电池及一般的直流发电机等都是电源，它们具有不变的电动势和较低内阻的电源，称其为电压源。如果电源的内阻 $R_0 \approx 0$，当电源与外电路接通时，其端电压 $U=E$。端电压不随电流变化。电源外特性曲线是一条水平线。

（1）伏安关系：$u=u_s$。

端电压 u_s 与流过电压源的电流无关，由电源本身确定；电流值任意，由外电路确定。

（2）特性曲线与符号如图 2-19 所示。

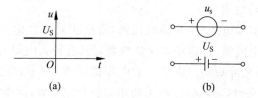

图 2-19　理想电压源特性曲线与符号示意图

这是一种理想情况。我们把具有不变电动势且内阻为零的电源称为理想电压源，理想电压源是实际电源的一种理想模型。例如，在电力供电网中，对于任何一个用电器（如一盏灯）而言，整个电力网除了该用电器以外的部分，可以近似地看成是一个理想电压源。

若电源电压稳定在其工作范围内，该电源就可以认为是一个恒压源。如果电源的内电阻远小于负载电阻 R_L，随着外电路负载电流的变化，电源的端电压基本保持不变。这

种电源就近似于一个恒压源。

2．理想电流源

对于实际电源，可以建立另一种理想模型，即电流源。如果电源输出恒定的电流，即电流的大小与端电压无关，这种电源就叫做理想电流源。

（1）伏安关系：$i = i_S$。

流过的电流 i_S 与电源两端的电压无关，由电源本身确定；电压值任意，由外电路确定。

（2）特性曲线与符号如图 2-20 所示。

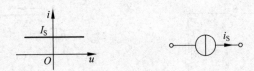

图 2-20　理想电流源特性曲线与符号示意图

3．实际电源的两种模型

实际电源的两种模型如图 2-21 所示。

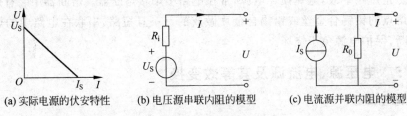

(a) 实际电源的伏安特性　　(b) 电压源串联内阻的模型　　(c) 电流源并联内阻的模型

图 2-21　实际电源的模型

实际电源的伏安特性为

$$U = U_S - IR_0 \quad 或 \quad I = I_S - \frac{U}{R_0}$$

可见，一个实际电源可以用两种电路模型表示：一种为电压源 U_S 和内阻 R_i 串联，另一种为电流源 I_S 和内阻 R_0 并联。

实际使用电源时，应注意以下三点。

（1）电工技术中，实际电压源，简称电压源，常指相对负载而言具有较小内阻的电压源；实际电流源，简称电流源，常指相对于负载而言具有较大内阻的电流源。

（2）实际电压源不允许短路。由于一般电压源的 R_0 很小，短路电流将很大，会烧毁电源，这是不允许的。平时，实际电压源不使用时应开路放置，因电流为零，不消耗电源的电能。

（3）实际电流源不允许开路处于空载状态。空载时，电源内阻把电流源的能量消耗掉，而电源对外没送出电能。平时，实际电流源不使用时，应短路放置，因实际电流源的内阻 R_0 一般都很大，电流源被短路后，通过内阻的电流很小，损耗很小；而外电路短路后，电压为零，不消耗电能。

4. 电压源与电流源的等效变换

一个实际的电源,既可以用理想电压源与内阻串联表示,也可以用一个理想电流源与内阻并联表示。对于外电路而言,如果电源的外特性相同,无论采用哪种模型计算外电路电阻 R_L 上的电流、电压,结果都相同。所以对外电路,两种模型是可以等效变换的,对比如下。

在电压源模型中,$U = U_S - IR_i$。

在电流源模型中,$U = I_S R_S - IR_0$。

由此可知,当满足 $R_i = R_0$ 和 $U_S = R_i I_S$ 时,两者可以互换。

电压源与电流源的等效变换电路如图 2-22 所示。对于两者的等效变换,有如下结论:

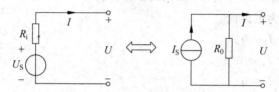

图 2-22 电压源与电流源的等效变换

(1) 电压源与电流源的等效变换只能对外电路等效,对内电路不等效。

(2) 理想电压源与理想电流源之间不能等效变换。

【例 2-7】 用电源模型等效变换的方法求图 2-23(a)所示电路的电流 I_1 和 I_2。

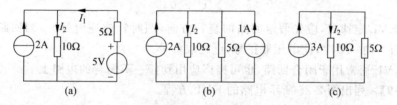

图 2-23 例 2-7 图

解:将原电路变换为如图 2-23(c)所示,由此可得

$$I_2 = \frac{5}{10 + 5} \times 3 = 1(\text{A})$$

$$I_1 = I_2 - 2 = 1 - 2 = -1(\text{A})$$

2.2.6 基尔霍夫定律及其应用

凡是用欧姆定律和电阻串、并联就能求解的电路称为简单电路,否则就是复杂电路。基尔霍夫定律不仅适用于简单电路,也适用于复杂电路。下面介绍几个和电路有关的术语。

(1) 电路中每一段不分支的电路,称为支路。如图 2-24 中,acb、ab、adb 等都是支路。

(2) 电路中三条或三条以上支路相交的点,称为节点。图 2-24 中的 a、b 都是节点。

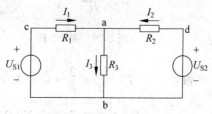

图 2-24 复杂电路

（3）电路中的任一条闭合路径称为回路。图 2-24 中的 cabc、cadbc、dabd 等都是回路。

1. 基尔霍夫电流定律（KCL）

（1）内容：在任一瞬时，流入任一节点的电流之和必定等于从该节点流出的电流之和，即

$$\sum I_\text{入} = \sum I_\text{出} \tag{2-15}$$

如图 2-24 所示，对节点 a 有

$$I_1 + I_2 = I_3 \tag{2-16}$$

（2）KCL 通常用于节点；对于包围几个节点的闭合面，也是适用的。

【例 2-8】 列出图 2-25 中各节点的 KCL 方程。

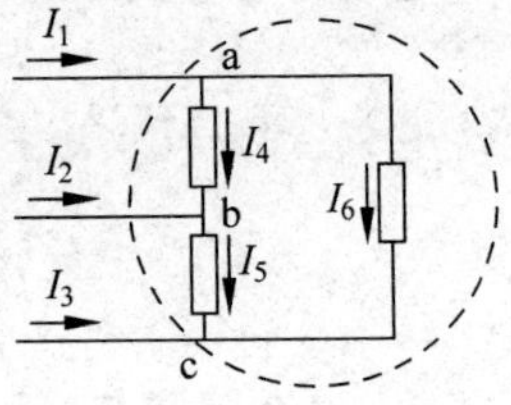

解：取流入方向为正方向。

节点 a：$I_1 - I_4 - I_6 = 0$

节点 b：$I_2 + I_4 - I_5 = 0$

节点 c：$I_3 + I_5 + I_6 = 0$

以上三式相加，得

$$I_1 + I_2 + I_3 = 0$$

图 2-25　例 2-8 图

2. 基尔霍夫电压定律（KVL）

（1）内容：在任一瞬时，沿任一回路，所有支路电压的代数和恒等于零，即

$$\sum U = 0 \tag{2-17}$$

应用 KVL 定律时，应先假定回路的绕行方向（顺时针或逆时针）。当回路中电压的方向与绕行方向一致时，此电压取正号，反之取负号。

（2）KVL 通常用于闭合回路，也可推广应用到任一不闭合的电路上。

【例 2-9】 列出图 2-26 所示电路的 KVL 方程。

解：图 2-26 所示电路的 KVL 方程为

$$U_{ab} + U_{S3} + I_3 R_3 - I_2 R_2 - U_{S2} - I_1 R_1 - U_{S1} = 0$$

【例 2-10】 如图 2-27 所示的电路，已知 $U_1 = 5\text{V}, U_3 = 3\text{V}, I = 2\text{A}$。求 U_2、I_2、R_1 和 U_S。

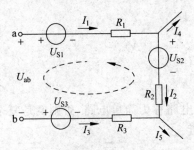

图 2-26　例 2-9 图

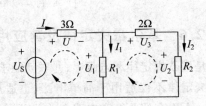

图 2-27　例 2-10 图

解：

$$I_2 = \frac{U_3}{2} = \frac{3}{2} = 1.5(\text{A}), \quad U_2 = U_1 - U_3 = 5 - 3 = 2(\text{V})$$

$$R_2 = \frac{U_2}{I_2} = \frac{2}{1.5} = 1.33(\Omega), \quad I_1 = I - I_2 = 2 - 1.5 = 0.5(\text{A})$$

$$R_1 = \frac{U_1}{I_1} = \frac{5}{0.5} = 10(\Omega), \quad U_S = U + U_1 = 2 \times 3 + 5 = 11(V)$$

3. 基尔霍夫定律的应用——支路电流法

分析、计算复杂电路的方法很多,本节介绍一种最基本的方法——支路电流法。

支路电流法是以支路电流为未知量,应用基尔霍夫定律列出与支路电流数目相等的独立方程式,再联立求解。应用支路电流法解题的步骤(假定某电路有 m 条支路、n 个节点)如下所述。

(1) 首先标定各待求支路的电流参考正方向及回路绕行方向。

(2) 应用基尔霍夫电流定律列出 $(n-1)$ 个独立的节点电流方程。

(3) 应用基尔霍夫电压定律列出 $[m-(n-1)]$ 个独立的回路电压方程式。

(4) 联立方程,求解各支路电流。

【例 2-11】 电路如图 2-28 所示,求 I_1、I_2 和 I_3。

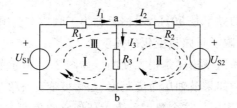

图 2-28 例 2-11 图

解:(1) 电路的支路数 $b=3$,支路电流有 I_1、I_2、I_3 三个。

(2) 根据 KCL,对节点 a 列节点电流方程。

节点 a:
$$I_1 + I_2 = I_3 \tag{1}$$

(3) 根据 KVL,列出回路 I 和回路 II 的电压方程。

回路 I:
$$I_1 R_1 + I_3 R_3 - U_{S1} = 0 \tag{2}$$

回路 II:
$$-I_2 R_2 - I_3 R_3 + U_{S2} = 0 \tag{3}$$

联立方程(1)、(2)、(3)即可解出 I_1、I_2 和 I_3。

2.2.7 正弦量的三要素

正弦交流电压和电流统称为正弦量。确定一个正弦量必须具备三个要素,即幅值、频率和初相角。知道了这三个要素,正弦量就可以完整地描述出来。例如,正弦电压的数学表达式为 $u = U_m \sin(\omega t + \varphi)$。

1. 幅值和有效值

正弦量在任一瞬间的值称为瞬时值,用小写字母表示,如 i 和 u 分别表示电流和电压的瞬时值。瞬时值中最大的称为幅值或最大值,用带有下标的大写字母表示,如 I_m 和 U_m 分别表示电流和电压的最大值。

正弦电压和电流的瞬时值是随时间变化的,在实际应用中,并不要求知道它们在每一瞬间的大小,而是用有效值表征正弦量的大小。有效值用大写字母表示,如 I 和 U 分别表示电流和电压的有效值。有效值和最大值的关系为(推导过程从略)

$$U_m = \sqrt{2}U \tag{2-18}$$

一般所说的正弦交流电压或电流的大小均指的是有效值,如在生产和日常生活中提到的 220V、380V 都是有效值。同样,一般使用的交流电表也是以有效值刻度的。

2. 频率和周期

正弦量的波形每变化一次所用的时间称为周期,用 T 表示,单位为秒(s)。每秒钟正弦量波形重复出现的次数称为频率,用 f 表示,单位为赫兹(Hz)。很显然,频率和周期的关系为

$$f = \frac{1}{T} \tag{2-19}$$

我国电力标准采用的频率是 50Hz,习惯上称为工频。有些国家(如日本)采用的频率是 60Hz。频率和周期反映了正弦量变化的速度。

正弦量的变化规律用角度描述是很方便的。如图 2-29 所示的正弦电压,每一时刻的值都与一个角度相对应。如果横轴用角度刻度,当角度变到 π/2 时,电压达到最大值;当角度变到 π 时,电压变为零值。这个角度不表示任何空间角度,只是用来描述正弦交流电的变化规律,所以称为电角度。通常还可以用角频率 ω 表示正弦量变化的速度。角频率是指正弦量在单位时间内变化的弧度数。在一个周期内,正弦量经过的电角度为 2π 弧度,它与频率和周期的关系为

$$\omega = 2\pi f = \frac{2\pi}{T} \tag{2-20}$$

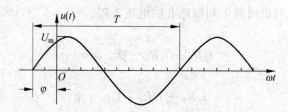

图 2-29　正弦交流波形图

3. 初相位

在式 $u = U_m \sin(\omega t + \varphi)$ 中,$\omega t + \varphi$ 称为相位角或相位。不同的相位对应不同的瞬时值,因此,相位反映正弦量的变化进程。当 $t = 0$ 时,相位为 φ,称为初相位或初相。初相表示正弦量的起点(零值)到计时点($t = 0$)之间的电角度。

4. 相位差

两个同频率的正弦交流电的相位之差叫做相位差。相位差表示两个正弦量到达最大值的先后差距。

例如，若已知 $i_1 = I_{1m}\sin(\omega t + \varphi_1)$，$i_2 = I_{2m}\sin(\omega t + \varphi_2)$，则 i_1 和 i_2 的相位差为

$$\varphi_{12} = (\omega t + \varphi_1) - (\omega t + \varphi_2) = \varphi_1 - \varphi_2 \tag{2-21}$$

这表明两个同频率的正弦交流电的相位差等于初相之差。

若两个同频率的正弦交流电的相位差 $\varphi_1 - \varphi_2 > 0$，称"$i_1$ 超前 i_2"；若 $\varphi_1 - \varphi_2 < 0$，称"$i_2$ 超前 i_1"；若 $\varphi_1 - \varphi_2 = 0$，称"$i_1$ 和 i_2 同相"；若相位差 $\varphi_1 - \varphi_2 = \pm 180°$，称"$i_1$ 和 i_2 反相"，如图 2-30 所示。

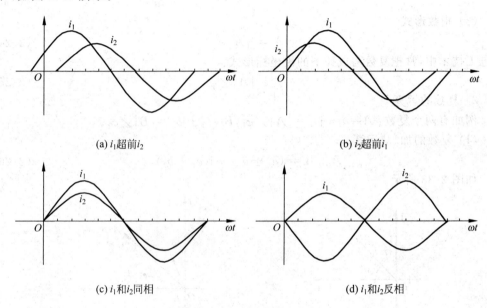

(a) i_1 超前 i_2 (b) i_2 超前 i_1

(c) i_1 和 i_2 同相   (d) i_1 和 i_2 反相

图 2-30 两个正弦量的相位差

必须指出，在比较两个正弦交流电之间的相位时，两个正弦量一定要同频率才有意义；否则，随时间不同，两个正弦量之间的相位差是一个变量，这就没有意义了。

综上所述，正弦量的三要素分别描述了正弦交流电的大小、变化快慢和起始状态。当三要素决定后，就可以唯一地确定一个正弦交流电了。

2.2.8 正弦量相量表示法

要表示一个正弦量，前面介绍了解析式和波形图两种方法。但这两种方法在分析和运算交流电路时十分不便，为此，下面将介绍正弦量的相量表示法，简称相量法。

由于相量法涉及复数的运算，所以在介绍相量法以前，先扼要复习复数的运算。

1. 复数及其运算法则

1）复数的表示方法

一个复数可以用以下几种形式表示。

（1）直角坐标形式

$$A = a + jb \tag{2-22}$$

式中：a 为复数的实部；b 为复数的虚部。如图 2-31 所示。

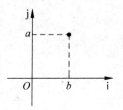

图 2-31 复平面上的点

复数在复平面上还可以用向量表示,如图 2-32 所示。向量的长度 r 称为复数 A 的模,用 $|A|$ 表示。向量与实轴的夹角,称为复数的辐角,用 φ 表示。

(2) 三角形式

$$A = |A|(\cos\varphi + \mathrm{j}\sin\varphi) \tag{2-23}$$

式中:

$$|A| = \sqrt{a^2 + b^2}, \quad \varphi = \arctan\frac{b}{a}$$

(3) 指数形式

$$A = |A|\mathrm{e}^{\mathrm{j}\varphi} \tag{2-24}$$

在电工技术中,常把复数写成如下的极坐标形式:

$$A = |A|\angle\varphi \tag{2-25}$$

2) 复数的运算

例如有两个复数:$A = a_1 + \mathrm{j}a_2 = |A|\angle\varphi_1$,$B = b_1 + \mathrm{j}b_2 = |B|\angle\varphi_2$。

(1) 复数的加、减运算

$$A \pm B = (a_1 \pm b_1) + \mathrm{j}(a_2 \pm b_2) \tag{2-26}$$

如图 2-33 所示。

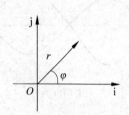

图 2-32 复平面上的向量

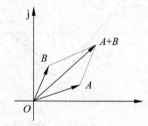

图 2-33 复数的加、减运算

(2) 复数的乘、除运算

$$A \cdot B = |A|\angle\varphi_1 \cdot |B|\angle\varphi_2 = |AB|\angle(\varphi_1 + \varphi_2) \tag{2-27}$$

$$\frac{A}{B} = \frac{|A|\angle\varphi_1}{|B|\angle\varphi_2} = \frac{A}{B}\angle(\varphi_1 - \varphi_2) \tag{2-28}$$

2. 正弦量的相量表示

给出一个正弦量 $u = U_\mathrm{m}\sin(\omega t + \varphi)$。在复平面作一个向量,使其从原点出发,其长度等于正弦量的最大值,与水平轴的夹角等于正弦量的初相位 φ,并以等于正弦量角频率的角速度 ω 逆时针旋转,则在任一瞬间,该有向线段在纵轴上的数值就等于该正弦量的瞬时值 $U_\mathrm{m}\sin(\omega t + \varphi)$。这个向量叫做旋转矢量,如图 2-34 所示。

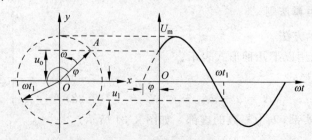

图 2-34 正弦量的旋转矢量图

一般情况下,只用向量的初始位置($t=0$的位置)表示正弦量,即把向量长度表示为正弦量的大小,把向量与横轴正向的夹角表示为正弦量的初相。这种表示正弦量的方法,称为正弦量的相量表示,又叫做相量法。

如果向量的幅角等于正弦量的初相位,向量的幅值等于正弦量的最大值,称为最大值相量,用$\dot{U}_{m}$或$\dot{I}_{m}$表示。如果矢量幅值等于正弦量的有效值,称为有效值相量,表示为$\dot{U}$或$\dot{I}$,如图2-35所示。

例如,正弦量$u=5\sqrt{2}\sin(\omega t+30°)$的最大值相量式为

$$\dot{U}_{m}=U_{m}\angle\varphi=5\sqrt{2}\angle30°$$

其有效值相量为

$$\dot{U}=U\angle\varphi=5\angle30°$$

3. 相量图

将一些相同频率的正弦量的相量画在同一个复平面上所构成的图形称为相量图。即每个相量用一条有向线段表示,其长度表示相量的模,有向线段与横轴正向的夹角表示该相量的辐角(初相),同一量纲的相量采用相同的比例尺寸。

【例2-12】 已知

$$u=20\sqrt{2}(\omega t+60°)(V)$$

$$i=10\sqrt{2}(\omega t-30°)(A)$$

试写出最大值相量、有效值相量,并画出相量图。

解: 最大值相量为

$$\dot{U}_{m}=20\sqrt{2}\angle60°(V)$$

$$\dot{I}_{m}=10\sqrt{2}\angle(-30°)(A)$$

有效值相量为

$$\dot{U}=20\angle60°(V)$$

$$\dot{I}=10\angle(-30°)(A)$$

相量图如图2-36所示。

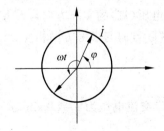

图2-35 正弦量的相量表示

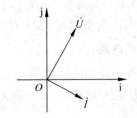

图2-36 例2-12中的相量图

【例2-13】 已知相量电流

$$\dot{I}_{1}=3+4j(A)$$

$$\dot{I}_2 = 8\angle 30°(\text{A})$$

$$\omega = 100\pi$$

试写出代表正弦电流瞬时值的表达式。

解： $\dot{I}_1 = 3 + 4\text{j} = 5\angle \arctan \dfrac{4}{3} = 5\angle 53.1°(\text{A})$

$$i_1 = 5\sqrt{2}\sin(100\pi t + 53.1°)(\text{A}), \quad i_2 = 8\sqrt{2}\sin(100\pi t + 30°)(\text{A})$$

【例 2-14】 已知 $i_1 = 5\sqrt{2}\sin(\omega t + 30°)(\text{A}), i_2 = 10\sqrt{2}\sin(\omega t + 60°)(\text{A})$。试求：$i_1$、$i_2$ 之和 i。

解： 以上正弦电流用相量表示为 $\dot{I}_1 = 5\angle 30°(\text{A}), \dot{I}_2 = 10\angle 60°(\text{A})$。

$$\begin{aligned}\dot{I} &= \dot{I}_1 + \dot{I}_2 \\ &= 5(\cos 30° + \text{j}\sin 30°) + 10(\cos 60° + \text{j}\sin 60°) \\ &= 9.33 + \text{j}11.6 = 14.6\angle 50°(\text{A})\end{aligned}$$

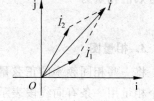

所以

$$i = 14.6\sqrt{2}\sin(\omega t + 50°)(\text{A})$$

也可以采用相量图来分析。在复平面内做出 $\dot{I}_1$ 和 $\dot{I}_2$，

图 2-37　电流相量的求和运算

利用平行四边形法则，可以做出相量 $\dot{I}$，如图 2-37 所示。

2.2.9　正弦量交流电路中的电阻、电感和电容

直流电流的大小与方向不随时间变化，而交流电流的大小和方向随时间不断变化。因此，在交流电路中出现的一些现象，与直流电路中不完全相同。例如，电容器接入直流电路时，电容器被充电；充电结束后，电路处在断路状态。但在交流电路中，由于电压是交变的，因而电容器时而充电，时而放电，电路中出现了交变电流，使电路处在导通状态。电感线圈在直流电路中相当于导线。但在交流电路中，由于电流是交变的，所以线圈中有自感电动势产生。电阻在直流电路与交流电路中作用相同，起限制电流的作用，并把取用的电能转换成热能。

由于在交流电路中，电流、电压的大小和方向随时间变化，因而分析和计算交流电路时，必须在电路中给电流、电压选定一个参考方向。同一电路中的电压和电流的参考方向应一致。若在某一瞬时电压（流）为正值，表示此时电压（流）的实际方向与参考方向一致；反之，当电压（流）为负值时，表示此时电压（流）的实际方向与参考方向相反。

1. 纯电阻电路

1）电阻的电流和电压关系

将电阻 R 接入如图 2-38(a) 所示的交流电路，设交流电压为 $u = U_\text{m}\sin(\omega t + \varphi_\text{u})$，则 R 中电流为

$$i = \frac{u}{R} = \frac{U_\text{m}}{R}\sin(\omega t + \varphi_\text{u}) \tag{2-29}$$

令 $i = I_\text{m}\sin(\omega t + \varphi_\text{i})$，则电压最大值为

$$U_\text{m} = RI_\text{m}（\text{有效值}\ U = RI）$$

$$\varphi_u = \varphi_i + \frac{\pi}{2}$$

这表明,在正弦电压作用下,电阻中通过一个相同频率的正弦电流,而且与电阻两端的电压同相位。画出相量图如图 2-38(b)所示。

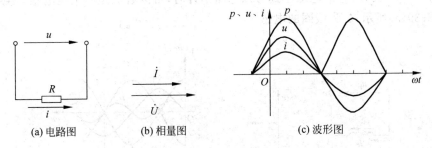

图 2-38　纯电阻电路

电流最大值为

$$I_m = \frac{U_m}{R} \tag{2-30}$$

电流有效值为

$$I = \frac{U_m}{\sqrt{2}R} = \frac{U}{R} \tag{2-31}$$

2)电阻电路的功率

(1)瞬时功率

电阻在任一瞬时的功率,称为瞬时功率,计算如下:

$$p = ui = U_m I_m \sin^2 \omega t \tag{2-32}$$

式中:$p \geqslant 0$,表明电阻在任一时刻都向电源取用功率,起负载作用。i、u、p 的波形图如图 2-38(c)所示。

(2)平均功率(有功功率)

由于瞬时功率是随时间变化的,为便于计算,常用平均功率来表示交流电路中的功率。平均功率为

$$P = \frac{1}{T}\int_0^T p\mathrm{d}t = \frac{1}{t}\int_0^T U_m I_m \sin^2 \omega t \mathrm{d}t = \frac{U_m I_m}{2} \tag{2-33}$$

或

$$p = \frac{U_m I_m}{2} = UI = I^2 R \tag{2-34}$$

这表明,平均功率等于电压、电流有效值的乘积。平均功率的单位是 W(瓦[特])。通常,白炽灯、电炉等电器组成的交流电路可以认为是纯电阻电路。

【例 2-15】 已知电阻 $R = 440\Omega$,将其接在电压 $U = 220\mathrm{V}$ 的交流电路上。试求电流 I 和功率 P。

解:电流为

$$I = \frac{U}{R} = \frac{220}{440} = 0.5(\mathrm{A})$$

功率为

$$P = UI = 220 \times 0.5 = 110(\mathbf{W})$$

2. 纯电感电路

对于一个线圈,当它的电阻小到可以忽略不计时,可以看成是一个纯电感。纯电感电路如图 2-39(a)所示,L 为线圈的电感。

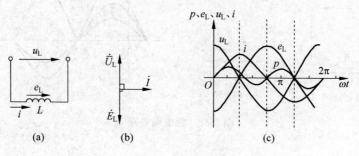

图 2-39　纯电感电路

1)电感的电流和电压关系

设 L 中流过的电流为 $i = I_\mathrm{m}\sin\omega t$,$L$ 上的自感电动势 $e_\mathrm{L} = -L\dfrac{\mathrm{d}i}{\mathrm{d}t}$。由图示标定的方向,电压为

$$u_\mathrm{L} = -e_\mathrm{L} = L\frac{\mathrm{d}i}{\mathrm{d}t} = \omega L I_\mathrm{m}\cos\omega t = \omega L I_\mathrm{m}\sin\left(\omega t + \frac{\pi}{2}\right) \tag{2-35}$$

令 $u_\mathrm{L} = U_\mathrm{m}\sin(\omega t + \varphi_\mathrm{u})$,则

(1)电压最大值

$$U_\mathrm{m} = \omega L I_\mathrm{m}$$

令 $X_\mathrm{L} = \omega L$,则

$$U_\mathrm{m} = X_\mathrm{L} I_\mathrm{m}(U = X_\mathrm{L} I)$$

式中:X_L 为感抗,单位是欧姆(Ω)。与电阻相似,感抗在交流电路中也起阻碍电流的作用。这种阻碍作用与频率有关。当 L 一定时,频率越高,感抗越大。在直流电路中,因频率 $f=0$,其感抗也等于零。所以在直流电路中,电感相当于短路。

(2)$\varphi_\mathrm{u} = \varphi_\mathrm{i} + \dfrac{\pi}{2}$

这表明,纯电感电路中通过正弦电流时,电感两端的电压也以同频率的正弦规律变化,而且在相位上超前于电流 $\pi/2$ 电角度。

纯电感电路的相量图如图 2-39(b)所示。

2)电感电路的功率

(1)纯电感电路的瞬时功率 p

$$p = ui = U_\mathrm{m}\sin\left(\omega t + \frac{\pi}{2}\right) \cdot I_\mathrm{m}\sin\omega t = U_\mathrm{m} I_\mathrm{m}\cos\omega t \cdot \sin\omega t = UI\sin 2\omega t$$

瞬时功率 p 的波形图如图 2-39(c)所示。从图中看出:第1、3个 $T/4$ 期间,$p \geqslant 0$,表示电感从电源处吸收能量；在第 2、4 个 $T/4$ 期间，$p \leqslant 0$，表示电感向电路释放能量。

（2）平均功率（有功功率）

瞬时功率表明，在电流的一个周期内，电感与电源进行两次能量交换，交换功率的平均值为零，即纯电感电路的平均功率为零，

$$P = \frac{1}{T} \int_0^T p \mathrm{d}t = 0 \tag{2-36}$$

式（2-36）说明，纯电感线圈在电路中不消耗有功功率，它是一种储存电能的元件。

3）无功功率 Q

纯电感线圈和电源之间进行能量交换的最大速率，称为纯电感电路的无功功率，用 Q 表示，单位是乏（var）。

$$Q_L = U_L I = I^2 X_L \tag{2-37}$$

【例 2-16】 一个线圈电阻很小，可略去不计。电感 $L = 35\mathrm{mH}$。求该线圈在 50Hz 和 1000Hz 交流电路中的感抗各为多少？若接在 $U = 220\mathrm{V}$，$f = 50\mathrm{Hz}$ 的交流电路中，电流 I、有功功率 P 和无功功率 Q 又是多少？

解：（1）$f = 50\mathrm{Hz}$ 时，$X_L = 2\pi f L = 2\pi \times 50 \times 35 \times 10^{-3} \approx 11(\Omega)$。

$\quad\quad\quad f = 1000\mathrm{Hz}$ 时，$X_L = 2\pi f L = 2\pi \times 1000 \times 35 \times 10^{-3} \approx 220(\Omega)$。

（2）当 $U = 220\mathrm{V}$，$f = 50\mathrm{Hz}$ 时，

电流：$I = \dfrac{U}{X_L} = \dfrac{220}{11} = 20(\mathrm{A})$

有功功率：$P = 0$

无功功率：$Q_L = UI = 220 \times 20 = 4400(\mathrm{var})$

3. 纯电容电路

电容是由极板和绝缘介质构成的。纯电容电路如图 2-40（a）所示，C 为电容器的电容。

1）电容的电流和电压关系

设电容器 C 两端加上电压 $u = U_m \sin\omega t$。由于电压的大小和方向随时间变化，使电容器极板上的电荷量随之变化，电容器的充、放电过程不断进行，形成了纯电容电路中的电流。

$$i = \frac{\mathrm{d}q}{\mathrm{d}t} = C\frac{\mathrm{d}u_C}{\mathrm{d}t} = \omega C U_m \sin\left(\omega t + \frac{\pi}{2}\right) \tag{2-38}$$

令 $i = I_m \sin(\omega t + \varphi_i)$，则有如下关系。

（1）电流最大值

$$I_m = \omega C U_m$$

令 $X_C = \dfrac{1}{\omega C}$，则

$$U_m = X_C I_m \quad (U = X_C I)$$

式中：X_C 为容抗，单位是欧姆（Ω）。与电阻相似，容抗在交流电路中也起阻碍电流的作用。这种阻碍作用与频率有关。当 C 一定时，频率越小，容抗越大。在直流电路中，因频率

$f=0$,其容抗可视为无穷大。所以在直流电路中,稳定后的电容相当于开路。

（2）$\varphi_u=\varphi_i+\dfrac{\pi}{2}$

这表明,纯电容电路中通过的正弦电流比加在它两端的正弦电压超前 $\pi/2$ 电角度。纯电容电路的相量图如图 2-40(b) 所示。

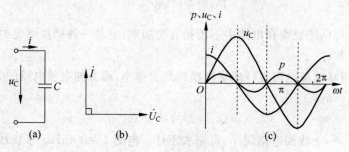

图 2-40　纯电容电路

2）电容电路的功率

（1）瞬时功率 p

$$p = ui = U_m\sin\omega t \cdot I_m\sin\left(\omega t+\frac{\pi}{2}\right) = U_m I_m\cos\omega t \cdot \sin\omega t = UI\sin2\omega t$$

这表明,纯电容电路的瞬时功率波形与电感电路相似,以电路频率的 2 倍按正弦规律变化。电容器也是储能元件,当电容器充电时,它从电源吸收能量；当电容器放电时,将能量送回电源（瞬时功率如图 2-40(c) 所示）。

（2）平均功率

$$P = \frac{1}{T}\int_0^T p\,\mathrm{d}t = 0 \tag{2-39}$$

（3）无功功率

$$Q_C = U_C I = I^2 X_C \tag{2-40}$$

2.2.10　电阻、电感的串联电路

在图 2-41 所示的 RL 串联电路中,设电流 $i=I_m\sin\omega t$,则电阻 R 上的电压为 $u_R=U_m\sin\omega t$。电感 L 上的电压为 $u_L=I_m x_L\sin\left(\omega t+\dfrac{\pi}{2}\right)=U_m\sin\left(\omega t+\dfrac{\pi}{2}\right)$,总电压 u 的瞬时值为 $u=u_R+u_L$。画出该电路电流和各段电压的相量图,如图 2-42 所示。

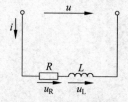

图 2-41　RL 串联电路

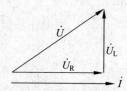

图 2-42　RL 串联电路的电流和电压相量图

因为通过串联电路各元件的电流是相等的,所以在画相量图时,通常把电流相量画在水平方向上,作为参考相量。电阻上的电压与电流同相位,故矢量$\dot{U}_R$与$\dot{I}$同方向;感抗两端电压超前电流$\pi/2$角度,故矢量$\dot{U}_L$与$\dot{I}$垂直。R与L的合成相量便是总电压u的相量。

1. 电压的有效值、电压三角形

电阻上的电压相量、电感上的电压相量与总电压的相量,恰好组成一个直角三角形,称为电压三角形(见图2-43(a))。从电压三角形求出总电压有效值为

$$U = \sqrt{U_R^2 + U_L^2} = \sqrt{(IR)^2 + (IX_L)^2} = I\sqrt{R^2 + X_L^2} \tag{2-41}$$

2. 阻抗、阻抗三角形

和欧姆定律对比,在式(2-41)中,令$Z = \sqrt{R^2 + X_L^2}$,则

$$U = I\sqrt{R^2 + X_L^2} = IZ \tag{2-42}$$

式中:Z称为电路的阻抗,它表示RL串联电路对电流的总阻力。阻抗的单位是Ω。

电阻、感抗、阻抗三者也符合直角三角形三边之间的关系,如图2-43(b)所示,称为阻抗三角形。注意,这个三角形不能用矢量表示。

电流与总电压之间的相位差从下式求得:

$$\varphi = \arctan \frac{U_L}{U_R} = \arctan \frac{X_L}{R} \tag{2-43}$$

式(2-43)说明,φ角的大小取决于电路的电阻R和感抗X_L的大小,与电流和电压的量值无关。

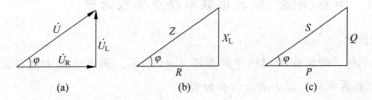

图2-43 电压、阻抗、功率三角形

3. 功率、功率三角形

1) 有功功率P

在交流电路中,电阻消耗的功率叫做有功功率。

$$P = I^2 R = U_R I = UI\cos\varphi \tag{2-44}$$

式中:$\cos\varphi$称为电路功率因数,它是交流电路运行状态的重要数据之一。电路功率因数的大小由负载性质决定。

2) 无功功率Q

$$Q = I^2 X = U_L I = UI\sin\varphi \tag{2-45}$$

3) 视在功率S

总电压U和电流I的乘积叫做电路的视在功率。

$$S = UI \tag{2-46}$$

视在功率的单位是 V·A(伏安),或 kV·A(千伏安)。视在功率表示电气设备(例如发电机、变压器等)的容量。根据视在功率的表示式,式(2-45)和式(2-46)还可以写成

$$P = S\cos\varphi, \quad Q = S\sin\varphi$$

可见,S、P、Q 之间的关系也符合直角三角形三边的关系,即

$$S = \sqrt{P^2 + Q^2} \tag{2-47}$$

由 S、P、Q 组成的三角形叫做功率三角形(见图 2-43(c)),它可看成是由电压三角形各边同乘以电流 I 得到的。与阻抗三角形一样,功率三角形也不应画成相量形式。

【例 2-17】 把电阻 $R = 60\Omega$,电感 $L = 255\text{mH}$ 的线圈接入频率 $f = 50\text{Hz}$,电压 $U = 220\text{V}$ 的交流电路中,分别求 X_L、I、U_L、U_R、$\cos\varphi$、P、Q 和 S。

解:感抗:$X_L = 2\pi f L = 2\pi \times 50 \times 255 \times 10^{-3} \approx 80(\Omega)$;

阻抗:$Z = \sqrt{R^2 + X_L^2} = \sqrt{60^2 + 80^2} = 100(\Omega)$;

电流:$I = \dfrac{U}{Z} = \dfrac{220}{100} = 2.2(\text{A})$;

电阻两端的电压:$U_R = IR = 2.2 \times 60 = 132(\text{V})$;

电感两端的电压:$U_L = IX_L = 2.2 \times 80 = 196(\text{V})$;

功率因数:$\cos\varphi = \dfrac{R}{Z} = \dfrac{60}{100} = 0.6$;

有功功率:$P = UI\cos\varphi = 220 \times 2.2 \times 0.6 = 290.4(\text{W})$;

无功功率:$Q = UI\sin\varphi = 220 \times 2.2 \times 0.8 = 387.2(\text{var})$;

视在功率:$S = UI = 220 \times 2.2 = 484(\text{V·A})$。

2.2.11 电阻、电感、电容串联电路及串联谐振

1. 电路分析

R、L、C 三种元件组成的串联电路如图 2-44 所示。假设电路中流过的正弦电流为 $i = \sqrt{2} I\sin\omega t$,则各元件上对应的电压有效值为

$$U_R = IR, \quad U_L = IX_L, \quad U_C = IX_C$$

端口总电压应为各电压之和,即

$$u = u_R + u_L + u_C$$

画出电路的相量图如图 2-45 所示。

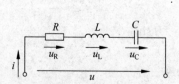

图 2-44 RLC 串联电路

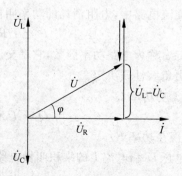

图 2-45 RLC 串联电路相量图

从相量图中得出端口电压 u 的有效值为

$$U = \sqrt{U_R^2 + (U_L - U_C)^2} = \sqrt{(IR)^2 + (IX_L - IX_C)^2} = I\sqrt{R^2 + (X_L - X_C)^2}$$

令 $Z = \sqrt{R + (X_L - X_C)^2}$ 且 $X = X_L - X_C$,其中 Z 称为阻抗,X 称为电抗,单位均为 Ω,上式改写为 $U = IZ$。

端口总电压 u 和 i 的夹角称为阻抗角,用 φ 表示:

$$\varphi = \varphi_u - \varphi_i = \arctan\frac{X_L - X_C}{R} = \arctan\frac{X}{R}$$

2. 电路的三种情况

(1) 当 $X_L > X_C$ 时,$\varphi > 0$,总电压 u 超前电流 i,电路类似于电感元件的性质,此时的电路属感性电路。

(2) 当 $X_L < X_C$ 时,$\varphi < 0$,总电压 u 滞后于电流 i,电路类似于电容元件的性质,此时的电路属容性电路。

(3) 当 $X_L = X_C$ 时,$\varphi = 0$,总电压 u 与电流 i 同相,电路类似于电阻元件的性质,此时的电路属容性电路。这种现象又称为串联谐振。

2.2.12 三相交流电路

目前,电能的产生、输送和分配基本都采用三相交流电路。三相交流电路就是由三个频率相同、最大值相等、相位互差 120° 的正弦电动势组成的电路。这样的三个电动势称为三相对称电动势。

广泛应用三相交流电路的原因,是它具有以下优点。

(1) 在相同体积下,三相发电机输出功率比单相发电机大。

(2) 在输送功率相等、电压相同、输电距离和线路损耗都相同的情况下,三相制输电比单相输电节省输电线材料,输电成本低。

(3) 与单相电动机相比,三相电动机结构简单,价格低廉,性能良好,维护、使用方便。

1. 三相交流电动势的产生

如图 2-46 所示,在三相交流发电机中,定子上嵌有三个具有相同匝数和尺寸的绕组 AX、BY、CZ。其中,A、B、C 分别为三个绕组的首端,X、Y、Z 分别为绕组的末端。绕组在空间的位置彼此相差 120°。当转子恒速旋转时,三相绕组中将感应出三相正弦电动势 e_A、e_B 和 e_C,分别称作 A 相电动势、B 相电动势和 C 相电动势。它们的频率相同,振幅相等,相位互差 120°。如果规定三相电动势的正方向是从绕组的末端指向首端,三相电动势的瞬时值为

$$e_A = E_m\sin\omega t$$
$$e_B = E_m\sin(\omega t - 120°)$$
$$e_C = E_m\sin(\omega t + 120°)$$

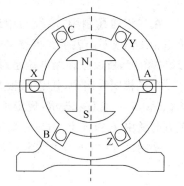

图 2-46 三相发电机结构原理

三相电动势波形图、相量图分别如图 2-47(a)、(b)所示。由相量图可以看出,在任一瞬时,三相对称电动势之和为零,即

$$e_A + e_B + e_C = 0 \qquad (2\text{-}48)$$

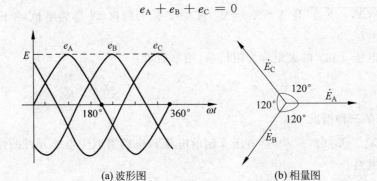

(a) 波形图　　　　　　　　　(b) 相量图

图 2-47　三相对称电动势的波形图、相量图

2. 三相电源的连接

三相发电机的三个绕组的连接方式有两种:星形(Y)接法和三角形(△)接法。

1) 星形(Y)接法

若将电源的三个绕组末端 X、Y、Z 连在一点 O,而将三个首端作为输出端,如图 2-48 所示,这种连接方式称为星形接法。在星形接法中,末端的连接点称作中点,中点的引出线称为中线(或零线),三绕组首端的引出线称作端线或相线(俗称火线)。这种从电源引出四根线的供电方式称为三相四线制。

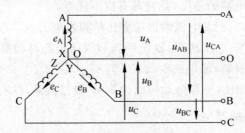

图 2-48　三相电源的星形连接

在三相四线制中,端线与中线之间的电压 u_A、u_B、u_C 称为相电压,它们的有效值用 U_A、U_B、U_C 或 $U_相$ 表示。当忽略电源内阻抗时,$U_A = E_A$,$U_B = E_B$,$U_C = E_C$,且相位互差 120°电角度,所以三相相电压是对称的。规定 $U_相$ 的正方向是从端线指向中线。

在三相四线制中,任意两根相线之间的电压 u_{AB}、u_{BC}、u_{CA} 称作线电压,其有效值用 U_{AB}、U_{BC}、U_{CA} 或 $U_线$ 表示,规定正方向由脚标字母的先后顺序标明。例如,线电压 u_{AB} 的正方向是由 A 指向 B,书写时顺序不能颠倒,否则相位相差 180°。

从图 2-48 中可得出线电压和相电压之间的关系为

$$u_{AB} = u_A - u_B$$

$$u_{BC} = u_B - u_C$$

$$u_{CA} = u_C - u_A$$

画出相电压和线电压的相量图如图 2-49 所示。由相量图算出：

$$U_{\text{线}} = \sqrt{3}\,U_{\text{相}} \quad 或 \quad U_l = \sqrt{3}\,U_p \tag{2-49}$$

由此可见，三相四线制供电方式提供两种电压，即线电压和相电压。

对于星形连接的三相电源，有时只引出三根端线，不引出中线。这种供电方式称作三相三线制。它只能提供线电压，主要在高压输电时采用。

2）三角形（△）接法

除了星形连接以外，电源的三个绕组还可以连接成三角形。即把一相绕组的首端与另一相绕组的末端依次连接，再从三个接点处分别引出端线，如图 2-50 所示。按这种接法，在三相绕组闭合回路中，有 $e_A + e_B + e_C = 0$，所以在回路中无环路电流。若有一相绕组首末端接错，在三相绕组中将产生很大环流，致使发电机烧毁。

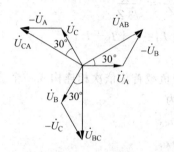
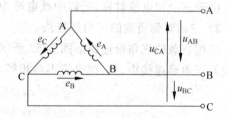

图 2-49　星形连接的相电压与线电压的相量图　　　图 2-50　三相电源的三角形连接

三相电源的三角形接法只能提供一种形式的电压，发电机绕组很少用三角形接法，但作为三相电源用的三相变压器绕组，星形和三角形两种接法都会用到。

3. 三相负载的连接

1）单相负载和三相负载

用电器按其对供电电源的要求，分为单相负载和三相负载。工作时只需单相电源供电的用电器称为单相负载，例如照明灯、电视机、小功率电热器、电冰箱。需要三相电源供电才能正常工作的电器称为三相负载，例如三相异步电动机等。若每相负载的电阻相等，电抗相等，而且性质相同的三相负载称为三相对称负载，即 $Z_A = Z_B = Z_C$，$R_A = R_B = R_C$，$X_A = X_B = X_C$，否则称为三相不对称负载。三相负载的连接方式也有两种，即星形连接和三角形连接。

2）三相负载的星形连接

三相负载的星形连接如图 2-51 所示，每相负载的末端 x、y、z 接在一点 O'，并与电源中线相连；负载的另外三个端点 a、b、c 分别和三根相线 A、B、C 相连。在三相负载的星形连接中，每相负载中的电流叫做相电流 $I_{\text{相}}$，每根相线（火线）上的电流叫做线电流 $I_{\text{线}}$。从图中所示的三相负载星形连接图可以看出，三相负载星形连接时的特点是：各相负载承受的电压为对称电源的相电压；线电流等于负载相电流。

将三相对称负载在三相对称电源上做星形连接时，三个相电流的有效值为

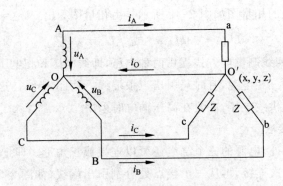

图 2-51 三相负载的星形连接

$$I_{\mathrm{A}} = I_{\mathrm{B}} = I_{\mathrm{C}} = \frac{U_{\text{相}}}{Z} = \frac{U_{\text{线}}}{\sqrt{3} Z} \qquad (2\text{-}50)$$

由于三个相电流对称,所以中线电流为零,即 $I_{\mathrm{O}} = I_{\mathrm{a}} + I_{\mathrm{b}} + I_{\mathrm{c}}$。

3) 三相对称负载的三角形接法

三相负载的三角形连接如图 2-52 所示,每相负载首位依次相连构成一个三角形。在负载的三角形连接中,相、线电流不再相等,关系为

$$i_{\mathrm{A}} = i_{\mathrm{AB}} - i_{\mathrm{CA}}$$
$$i_{\mathrm{B}} = i_{\mathrm{BC}} - i_{\mathrm{AB}}$$
$$i_{\mathrm{C}} = i_{\mathrm{CA}} - i_{\mathrm{BC}}$$

若三相负载为对称负载,则相电流为

$$I_{\mathrm{AB}} = I_{\mathrm{BC}} = I_{\mathrm{CA}} = \frac{U_{\text{相}}}{Z} = \frac{U_{\text{线}}}{Z}$$

线电流、相电流的相量图如图 2-53 所示。从图中得出:

$$I_{\text{线}} = \sqrt{3} I_{\text{相}} \qquad \text{或} \qquad I_{1} = \sqrt{3} I_{\mathrm{P}} \qquad (2\text{-}51)$$

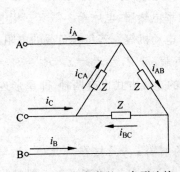

图 2-52　三相负载的三角形连接

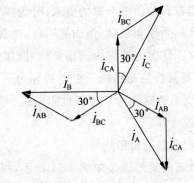

图 2-53　三角形连接中线电流与相电流的相量图

4. 三相交流电路的功率

三相负载的功率等于三个单相负载的功率之和,即

$$P = P_{\mathrm{A}} + P_{\mathrm{B}} + P_{\mathrm{C}} = U_{\mathrm{A}} I_{\mathrm{A}} \cos\varphi_{\mathrm{A}} + U_{\mathrm{B}} I_{\mathrm{B}} \cos\varphi_{\mathrm{B}} + U_{\mathrm{C}} I_{\mathrm{C}} \cos\varphi_{\mathrm{C}}$$

若三相负载为对称负载,上式可写为

$$P = 3U_{相}\ I_{相}\ \cos\varphi_{相}$$

由于在三相对称负载的星形接法中,$I_{线} = I_{相}$,$U_{线} = \sqrt{3}\,U_{相}$;在三相对称负载的三角形接法中,$I_{线} = \sqrt{3}\,I_{相}$,$U_{线} = U_{相}$。所以上式还可写为

$$P = \sqrt{3}U_{线}\ I_{线}\ \cos\varphi_{相} \qquad (2\text{-}52)$$

常用电工工具及仪表的使用

3.1 常用电工工具及仪表的使用任务单

任务名称	常用电工工具及仪表的使用		
任务内容	要　　求	学生完成情况	自我评价
常用电工	掌握电工工具的使用		
工具及仪	熟练使用万用表		
表的使用	能够按要求完成导线的连接		
考核成绩			
教学评价			
教师的理论教学能力	教师的实践教学能力		教师的教学态度
对本任务教学的建议及意见			

3.2 常用电工工具及仪表的使用内容

【教与学导航】

1. 项目主要内容

(1) 常用工具、仪表介绍。

(2) 导线的连接。

2. 项目要求

(1) 了解各种工具的用法，并实际操作。

(2) 掌握导线的连接，动手完成实践项目。

3. 教学环境

教学环境为维修电工实训室。

【教学内容】

3.2.1 安装工具

1. 移动工具台（车）

移动工具车又称工具车，如图 3-1 所示，是一种用来存储工具且能移动的容器设备，主要用于电气安装、电气设备维修，以及修理厂、大型工厂的流水线等领域。工具车体采用整体式焊接，每个抽屉承载 25kg 左右，叠加式滚珠滑轨能 100% 抽出，所有工具一目了然；导轨承重 35kg，抽屉配有自锁装置，避免抽屉滑出；还有中间锁机构，安全可靠。车体左、右两侧板有标准挂板孔，可挂置物盒，可方便地放置各种物件；车体右侧有一个储物柜，内设一块隔板，可以放置体积较大的物件。工具车有两个固定脚轮，两个万向脚轮。万向脚轮带有双刹车装置，每个脚轮承重 125kg，保证工具车的稳定性。工具车台面铺有耐油、耐冲击的复合板，上面可放置常用工具和零件，桌面承重 125kg。

2. 元件柜

元件柜用于存储各种文件及物料，以便降低物流空间，如图 3-2 所示。

图 3-1 工具车样

图 3-2 元件柜样例图

3. 型材切割机（选配工具）

型材切割机如图 3-3 所示。

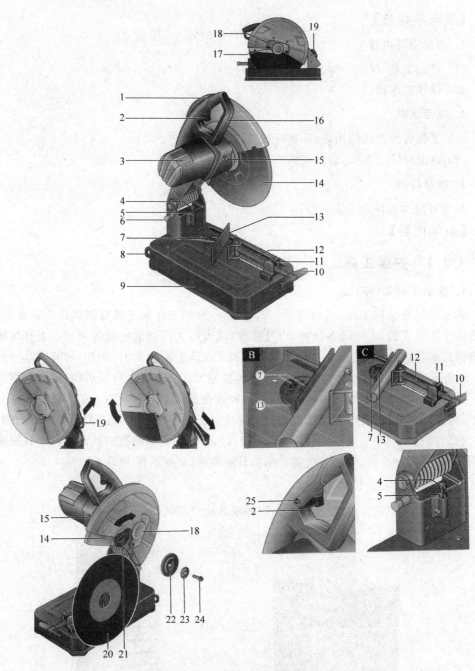

图 3-3　型材切割机结构详解图

1—手柄；2—启停开关；3—机臂；4—深度尺；5—深度尺的锁紧螺母；6—搬运固定装置；7—角度挡块螺丝；8—环形扳手；9—底座；10—丝杆柄；11—快速解锁；12—固定丝杆；13—角度挡块；14—活动防护罩；15—主轴锁；16—搬运柄；17—遮盖的蝶翼螺丝；18—盖子；19—提杆；20—切割片；21—主轴；22—固定法兰；23—垫片；24—六角螺丝；25—开关固定锁

4. 角向砂轮机（选配工具）

角向砂轮机如图 3-4 所示。

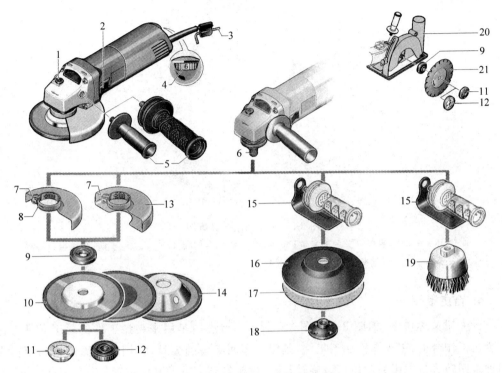

图 3-4　角向砂轮机结构详解图

1—主轴锁定键；2—启停开关；3—内六角扳手；4—设定转速的指拨轮（GWS 8-100 CE/GWS 8-125 CE/GWS 850 CE）；5—辅助手柄；6—主轴；7—防护罩的固定螺丝；8—针对研磨使用的防护罩；9—含"O"型环的固定法兰；10—研磨/切割片；11—夹紧螺母；12—快速螺母 SDS-clic；13—针对切割使用的防护罩；14—超合金杯碟；15—护手片；16—橡胶磨盘；17—砂纸；18—圆螺母；19—杯形钢丝刷；20—导引板切割时使用的吸尘罩；21—金刚石切割片

5. 手枪钻（选配工具）

1）结构及功能说明

手枪钻结构如图 3-5 所示。

2）使用电钻时的注意事项

（1）面部朝上作业时，要戴防护面罩。在生铁铸件上钻孔，要戴好防护眼镜，以保护眼睛。

（2）钻头夹持器应妥善安装。

（3）作业时，钻头处在灼热状态，应防止灼伤肌肤。

（4）钻 ϕ12mm 以上的孔时，应使用有侧柄手枪钻。

（5）站在梯子上工作或高处作业，应有防高处坠落措施，梯子应有地面人员扶持。

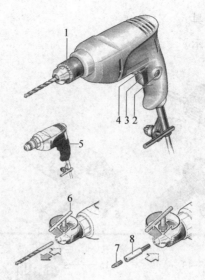

图 3-5　手枪钻结构详解图

1—齿环夹头；2—启停开关的锁紧键；3—启停开关；4—正/逆转开关；5—手柄（绝缘握柄）；

6—夹头扳手；7—螺丝批嘴；8—通用批嘴连杆

6. 台虎钳

台虎钳又称虎钳，如图 3-6 和图 3-7 所示。台虎钳是用来夹持工件的通用夹具。它装置在工作台上，用于夹稳加工工件，是钳工车间必备的工具，常用的有固定式和回转式两种。回转式台虎钳的钳体可以旋转，使工件旋转到合适的工作位置。

图 3-6　台虎钳样例

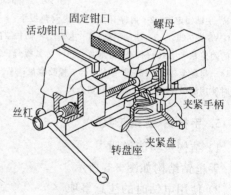

图 3-7　台虎钳结构详解

台虎钳由钳体、底座、导螺母、丝杠、钳口体等组成。活动钳身通过导轨与固定钳身的导轨滑动配合。丝杠装在活动钳身上，可以旋转，但不能轴向移动，并与安装在固定钳身内的丝杠螺母配合。摇动手柄使丝杠旋转，就可以带动活动钳身相对于固定钳身轴向移动，起夹紧或放松的作用。弹簧借助挡圈和开口销固定在丝杠上，其作用是当放松丝杠时，使活动钳身及时地退出。在固定钳身和活动钳身上各装有钢制钳口，并用螺钉固定。钳口的工作面上制有交叉的网纹，使工件夹紧后不易滑动。钳口经过热处理淬硬，具有较好的耐磨性。固定钳身装在转座上，并能绕转座轴心线转动。当转到要求的方向时，扳动夹紧手柄，使夹紧螺钉旋紧，便可在夹紧盘的作用下把固定钳身固紧。转座上有三个螺栓孔，用来与钳台固定。

7. 手锯（手锯弓）

锯弓分为固定式和可调式两种。图 3-8 所示为常用的可调式锯弓。锯条由碳素工具钢制成，经淬火和低温退火处理。锯条规格用锯条两端安装孔之间的距离表示。手锯结构如图 3-9 所示。

图 3-8　手锯弓样例图

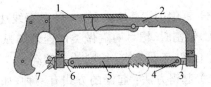

图 3-9　手锯结构详解
1—固定部分；2—可调部分；3—固定拉杆；
4—削子；5—锯条；6—活动拉杆；7—蝶形螺母

常用的锯条长 300mm，宽 12mm，厚 0.8mm。锯条的锯齿按齿距 t 分为粗齿（$t=1.6$mm）、中齿（$t=1.2$mm）及细齿（$t=0.8$mm）三种。锯齿的粗细应根据加工材料的硬度和厚薄来选择。锯削铝、铜等软材料或厚材料时，应选用粗齿锯条。锯硬钢、薄板及薄壁管子时，应该选用细齿锯条。锯削软钢、铸铁及中等厚度的工件，多用中齿锯条。锯削薄材料时，至少要保证 2 或 3 个锯齿同时工作。

锯齿形态如图 3-10 所示。

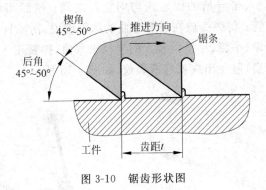

图 3-10　锯齿形状图

锯削基本操作如下。

（1）锯条安装：根据工件材料及厚度选择合适的锯条，然后安装在锯弓上。锯齿应向前，松紧应适当，一般用两个手指的力旋紧即可。锯条安装好以后，不能有歪斜和扭曲，否则锯削时易折断。

（2）工件安装：工件伸出钳口不应过长，防止锯削时产生振动。锯线应和钳口边缘平行，并夹在台虎钳的左边，以便操作。工件要夹紧，并防止变形和夹坏已加工表面。

（3）锯削姿势与握锯锯削时站立姿势：身体正前方与台虎钳中心线成大约 45°角，右脚与台虎钳中心线成 75°角,左脚与台虎钳中心线成 30°角。握锯时,右手握柄,左手扶弓,如图 3-11(a)所示。推力和压力的大小主要由右手掌握,左手压力不要太大。

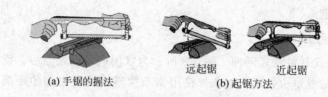

(a) 手锯的握法　　　　　远起锯　　　近起锯
　　　　　　　　　　　　　　(b) 起锯方法

图 3-11　手锯的握法及起锯方法

(4) 锯削的姿势有两种,一种是直线往复运动,适用于锯薄形工件和直槽;另一种是摆动式,锯割时,锯弓两端做类似锉外圆弧面时的锉刀摆动动作。采用这种操作方式,两手动作自然,不易疲劳,切削效率较高。

(5) 起锯方法:起锯的方式有两种,如图 3-11(b)所示。一种是从工件远离自己的一端起锯,称为远起锯;另一种是从工件靠近操作者身体的一端起锯,称为近起锯。一般情况下,采用远起锯较好。无论采用哪一种起锯方式,起锯角度都不要超过 15°。为使起锯的位置准确和平稳,起锯时可用左手大拇指挡住锯条的方法来定位。

① 锯削速度和往复长度:锯削速度以每分钟往复 20~40 次为宜;速度过快,锯条容易磨钝,反而会降低切削效率;速度太慢,效率不高。

② 锯削时,最好使锯条的全部长度都能进行锯割。一般锯弓的往复长度不应小于锯条长度的 2/3。

8. 弯管器

弯管器就是弯曲圆管的专用工具,如图 3-12 所示。弯管器的使用方法是:把 PVC/金属管(部分管需要)放入带导槽的固定轮与固定杆之间;然后用活动杆的导槽导住圆管,用固定杆紧固住圆管;将弹簧放在需要弯曲的圆管部位,活动杆柄顺时针方向平稳转动。操作时,用力要缓慢、平稳,尽量以较大的半径来弯曲,弹簧用于将圆管保持在一定的范围内,使铜管不被弯扁,避免出现死弯或裂痕,如图 3-13 所示。

图 3-12　弯管器样例图

图 3-13　弯管器使用示范

9. "人"字梯

"人"字梯外形及使用方法如图 3-14 和图 3-15 所示。

(a)　　　　(b)

图 3-14 "人"字梯样例　　　　图 3-15 "人"字梯使用示范图

10. 工具腰包

工具腰包如图 3-16 所示,其作用是在配电作业、登高作业时佩带于腰部,便于携带各种工具、器材,便于在工作环境下使用。

11. 常用工具

1) 木柄羊角锤

羊角锤属敲击类工具,它应用杠杆原理,一头用来拔钉子,一头用来敲钉子,如图 3-17 所示。

图 3-16 工具腰包样例图片　　　　图 3-17 木柄羊角锤样例图片

2) 六角扳手

六角扳手用于装拆大型六角螺钉或螺母,如图 3-18 所示。外线电工可用它装卸铁塔之类的钢架结构。

3) 电工钢丝钳

电工钢丝钳是经过 VDE 认证,绝缘套耐压 1000V 的钢丝钳,用于夹持或折断金属薄板以及切断金属丝(导线),如图 3-19 所示。

图 3-18　六角扳手样例

图 3-19　电工钢丝钳样例

4）电工尖嘴钳

（1）电工尖嘴钳是经过 VDE 认证，绝缘套耐压 1000V 的尖嘴钳，如图 3-20 所示。

（2）尖嘴钳的头部细长，成圆锥形，钳口上有一段菱形齿纹。由于其头部尖而长，适合在较窄小的工作环境中夹持轻巧的工件或线材，剪切、弯曲细导线。

（3）根据钳头的长度，分为短钳头（钳头为钳子全长的 1/5）和长钳头（钳头为钳子全长的 2/5）两种。规格以钳身长度计，有 125mm、140mm、160mm 和 200mm 四种。

5）电工斜口钳

电工斜口钳是经过 VDE 认证，绝缘套部分耐压 1000V 的斜口钳，如图 3-21 所示。其特点为：剪切口与钳柄成一个角度，用于剪断较粗的导线和其他金属线，还可以直接剪断低压带电导线。在比较狭窄的工作场所或设备内部，用于剪切薄金属片、细金属丝或剖切导线绝缘层。

图 3-20　电工尖嘴钳样例

图 3-21　电工斜口钳样例

6）压著钳

压著钳如图 3-22 所示，主要用于压接各种端子。其压力调整旋钮用于调整张开钳口的尺寸，方便各种端子使用。使用时，将铜质裸压接线端头用冷压钳稳固地压接在多股导线或单股导线上。

7）剥线钳

（1）结构：由钳头和手柄两部分组成。钳头由压线钳和切口组成，分直径为 0.5～3mm 的多个切口，适用于不同规格线芯的剥削。

（2）功能：剥线钳是电工专用来剥离导线头部的一段表面绝缘层的工具。剥线时，切口大小应略大于导线芯线直径，否则会切断芯线。剥线钳使用方便，剥离绝缘层时不伤线芯，适用于芯线 6mm² 以下的绝缘导线，如图 3-23 所示。

图 3-22　压著钳样例

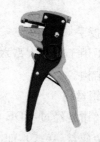

图 3-23　剥线钳样例

（3）使用时，注意不要带电剥线。

8）电工刀

（1）结构：电工刀也是电工常用的工具之一，是一种切削工具，如图3-24所示。

（2）功能：主要用于剥削导线绝缘层、剥削木榫及切割电工材料等。

（3）使用时，应刀口朝外，以免伤手。用毕，随即把刀身折入刀柄。因为电工刀柄不带绝缘装置，所以不能带电操作，以免触电。

9）平锉刀

锉削是利用锉刀对工件材料进行切削加工的操作。其应用范围很广，可锉工件的外表面、内孔、沟槽和各种形状复杂的表面。平锉刀如图3-25所示。

图3-24　电工刀样例　　　　　　　　图3-25　平锉刀样例

（1）锉刀种类

锉刀种类如图3-26(a)所示。

① 普通锉：按断面形状不同，分为五种，即平锉、方锉、圆锉、三角锉、半圆锉。

② 整形锉：用于修整工件上的细小部位。

③ 特种锉：用于加工特殊表面。

（2）选择锉刀

① 根据加工余量选择：若加工余量大，选用粗锉刀或大型锉刀；反之，选用细锉刀或小型锉刀。

② 根据加工精度选择：若工件的加工精度要求较高，选用细锉刀；反之，用粗锉刀。

（3）工件夹持

将工件夹在虎钳钳口的中间部位，伸出不能太高，否则易振动。若表面已加工过，则垫铜钳口。

（4）锉削方法

① 锉刀握法：锉刀大小不同，握法不一样。较大型锉刀的握法如图3-26(b)所示，中、小型锉刀的握法如图3-26(c)所示。

② 锉削姿势：开始锉削时，身体向前倾斜10°左右，左肘弯曲，右肘向后。锉刀推出1/3行程时，身体向前倾斜15°左右，此时左腿稍直，右臂向前推；推到2/3时，身体倾斜到18°左右；最后，左腿继续弯曲，右肘渐直，右臂向前，使锉刀继续推进至尽头，身体随锉刀的反作用方向回到15°位置。

③ 锉削力的运用：锉削时有两个力，一个是推力，一个是压力。其中，推力由右手控制，压力由两手控制；在锉削中，要保证锉刀前、后两端所受的力矩相等，即随着锉刀的推进，左手所加的压力由大变小，右手的压力由小变大，否则锉刀不稳，易摆动。

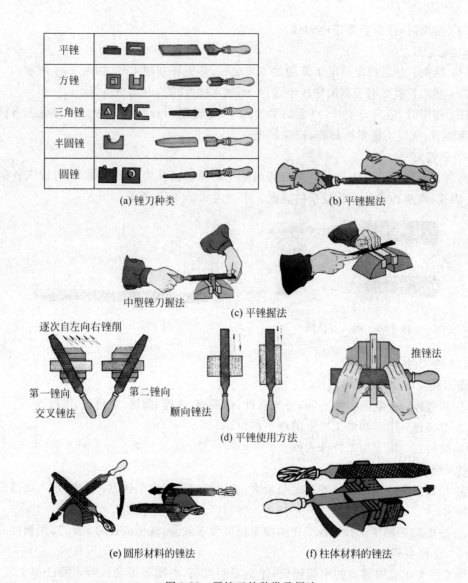

图 3-26　平锉刀的种类及用法

10）"一"字形、"十"字形、花形旋具

（1）结构：旋具由金属杆头和绝缘柄组成。按金属杆头部形状，分成"一"字形、"十"字形、花形和多用螺钉旋具，如图 3-27 所示。

（2）功能：旋具用来旋动头部带"一"字形、"十"字形、花形槽的螺钉。使用时，应按螺钉的规格选用合适的旋具刀口。任何"以大代小，以小代大"使用旋具，均会损坏螺钉和电气元件。电工不可使用金属杆直通柄根的旋具，必须使用带有绝缘柄的。为了避免金属杆触及皮肤及邻近带电体，宜在金属杆上穿套绝缘管。

11）电烙铁（选配工具）

电烙铁的外形如图 3-28 所示，其结构如图 3-29 所示。焊接的不良状态如图 3-30 所示。

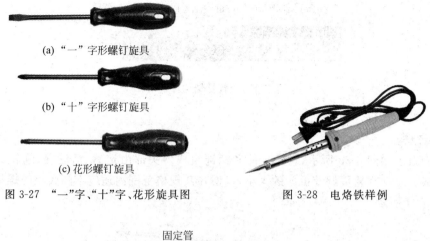

(a)"一"字形螺钉旋具

(b)"十"字形螺钉旋具

(c)花形螺钉旋具

图 3-27 "一"字、"十"字、花形旋具图　　　图 3-28 电烙铁样例

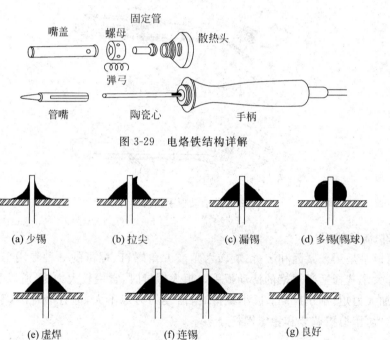

嘴盖　　固定管

　　　螺母　　　散热头

弹弓

管嘴　　　陶瓷心　　　手柄

图 3-29 电烙铁结构详解

(a)少锡　　(b)拉尖　　(c)漏锡　　(d)多锡(锡球)

(e)虚焊　　　(f)连锡　　　(g)良好

图 3-30 电烙铁焊接的不良状态

12)吸锡器

　　吸锡器是常用的拆焊工具,如图 3-31 和图 3-32 所示。它使用方便,价格适中,实际是一个小型手动空气泵,压下吸锡器的压杆,就排除吸锡器腔内的空气;释放吸锡器压杆的锁钮,弹簧推动压杆迅速回到原位,在吸锡器腔内形成空气的负压力,把熔融的焊料吸走。在电烙铁加热的帮助下,用吸锡器很容易拆焊电路板上的元件。

图 3-31 吸锡器样例

活塞压钮 活塞杆 吸锡按钮 活塞筒 吸锡嘴

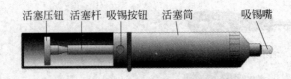

图 3-32　吸锡器结构详解图

13）活动扳手

（1）结构

活动扳手如图 3-33 所示，它由头部和柄部组成。头部由定唇、活动唇、蜗轮、轴销和手柄组成。旋动蜗轮可调节扳口的大小，以便在其规格范围内适应不同大小的螺母，其结构如图 3-34 所示。

图 3-33　活动扳手样例

定唇　　　蜗轮

扳口

活动扳唇　轴销　　手柄

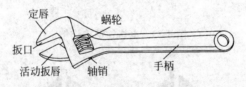

图 3-34　活动扳手结构详解图

（2）功能及使用

活动扳手是用来紧固和装拆、旋转六角或方角螺钉、螺母的一种专用工具。使用时，应按螺母大小选择适当规格的活动扳手。扳大螺母时，常用较大力矩，所以手应握在手柄尾部，以加大力矩，利于扳动；扳小螺母时，需要的力矩不大，但容易打滑，手可握在靠近头部的位置，用拇指调节和稳定螺杆。

3.2.2　测量工具

1. VC830L 万用表

VC830L 万用表的外形图如图 3-35 所示，其特点如下。

（1）外观小巧、精致、美观，手感舒适。

（2）大屏幕显示，字迹清楚。

（3）抗干扰能力强。

（4）全保护功能，防高压打火电路设计。

VC830L 万用表的基本功能如表 3-1 所示。

图 3-35　VC830L 万用表外形图

表 3-1　VC830L 万用表的基本功能

基 本 功 能	量　　　程	基本准确度
直流电压	200mV/2V/20V/200V/600V	±(0.5%+4)
交流电压	200V/600V	±(1.2%+10)
直流电流	200μA/2mA/20mA/200mA/10A	±(1.5%+3)
电阻	200Ω/2kΩ/20kΩ/200kΩ/20MΩ	±(0.8%+5)
特殊功能		
二极管测试		√
通断报警		√
低电压显示		√
输入阻抗		10MΩ
采样频率		3 次/s
交流频响		40～400Hz
操作方式		手动量程
最大显示		1999
液晶尺寸		57mm×33mm
电源		9V(6F22)

VC830L 万用表的使用方法简述如下。

(1) 直流电压、交流电压的测量：先将黑表笔插入 COM 插孔，红表笔插入 V/Ω 插孔；然后将功能开关置于 DCV(直流)或 ACV(交流)量程，并将测试表笔连接到被测源两端，显示器将显示被测电压值。如果显示器只显示"1"，表示超量程，应将功能开关置于更高的量程(下同)。

(2) 直流电流的测量：先将黑表笔插入 COM 插孔，红表笔插入 10A 孔；再将功能开关置于 DCA 量程，将测试表笔串联接入被测电路，显示器即显示被测电流值。

(3) 电阻的测量：先将黑表笔插入 COM 插孔，红表笔插入 V/Ω 插孔(注意：红表笔极性此时为"＋"，与指针式万用表相反)；然后将功能开关置于 OHM 量程，将两支表笔连接到被测电路上，显示器将显示被测电阻值。

(4) 二极管的测试：先将黑表笔插入 COM 插孔，红表笔插入 V/Ω 插孔；然后将功能开关置于二极管挡。将两支表笔连接到被测二极管两端，显示器将显示二极管正向压降的"mV"值。当二极管反向时，将过载。根据万用表的显示，可检查二极管的质量，鉴别所测量的是硅管还是锗管。

测量结果若在 1V 以下，红表笔所接为二极管正极，黑表笔所接为负极。

测量显示 550～700mV 者为硅管；150～300mV 者为锗管。

如果两个方向均显示超量程，则二极管开路；若两个方向均显示"0"V，则二极管击穿、短路。

(5) 晶体管放大系数 h_{FE} 的测试：将功能开关置于"h_{FE}"挡，然后确定晶体管是 NPN 型还是 PNP 型，并将发射极、基极、集电极分别插入相应的插孔。此时，显示器将显示晶体管的放大系数 h_{FE} 值。

基极判别：将红表笔接某极，黑表笔分别接其他两极。若都出现超量程或电压都小，则红表笔所接为基极；若一个超量程，一个电压小，则红表笔所接不是基极，应换脚重测。

管型判别：在上述测量中，若显示都超量程，为 PNP 管；若电压都小（$0.5 \sim 0.7$V），则为 NPN 管。

（6）集电极、发射极判别：用"h_{FE}"挡判别。在已知管子类型的情况下（此处设为 NPN 管），将基极插入 B 孔，其他两极分别插入 C、E 孔。若结果为 $h_{FE} = 1 \sim 10$（或十几），则三极管接反了；若 $h_{FE} = 10 \sim 100$（或更大），则接法正确。

（7）带声响的通断测试：先将黑表笔插入 COM 插孔，红表笔插入 V/Ω 插孔，然后将功能开关置于通断测试挡（与二极管测试量程相同），将测试表笔连接到被测导体两端。如果表笔之间的阻值低于 30Ω，蜂鸣器会发出声音。

2. ZC25-3 兆欧表（0～500V）（选配工具）

兆欧表是一种测量电气设备及电路绝缘电阻的仪表。

1）结构和工作原理

ZC25-3 兆欧表的外形如图 3-36 所示，主要包括三个部分：手摇直流发电机（或交流发电机加整流器）、磁电式流比计和接线桩（L、E、G）。其工作原理如图 3-36（c）所示。

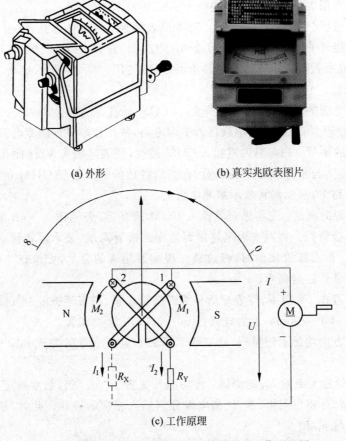

(a) 外形　　　　　　(b) 真实兆欧表图片

(c) 工作原理

图 3-36　ZC25-3 兆欧表（0～500V）外形图及工作原理图

2）测量前的检查

（1）检查兆欧表是否正常。

（2）检查被测电气设备和电路,看是否已切断电源。

（3）测量前,应对设备和线路放电,减少测量误差。

3）使用方法

（1）将兆欧表水平放置在平稳、牢固的地方。

（2）正确连接线路。

（3）摇动手柄,转速控制在120r/min左右,允许有±20%的变化,但不得超过25%。摇动1分钟后,待指针稳定下来再读数。

（4）兆欧表未停止转动前,切勿用手触及设备的测量部分或摇表接线桩。

（5）禁止在雷电时或附近有高压导体的设备上测量绝缘。

（6）应定期校验,检查其测量误差是否在允许范围以内。

4）兆欧表的选择

选用兆欧表,主要考虑它的输出电压及测量范围,如表3-2所示。

表3-2　兆欧表的选择

被 测 对 象	被测设备或线路额定电压	选用的摇表/V
线圈的绝缘电阻	500V 以下	500
	500V 以上	1000
电机绕组绝缘电阻	500V 以下	1000
变压器、电机绕组绝缘电阻	500V 以上	1000～2500
电气设备和电路绝缘	500V 以下	500～1000
	500V 以上	2500～5000

5）测量方法

（1）将仪表水平放置,对指针机械调零,使其指在标度尺红线上。

（2）将量程（倍率）选择开关置于最大量程位置,然后缓慢摇动发电机摇柄,同时调整测量标度盘,使检流计指针始终指在红线上。这时,仪表内部电路工作在平衡状态。当指针接近红线时,加快发电机摇柄转速,使其达到额定转速（120r/min）。再次调节测量标度盘,使指针稳定在红线上,所测接地电阻值即为测量标度盘读数（RP）乘以倍率标度。若测量标度盘读数小于1,应将量程选择开关置于较小一挡,然后重新测量。

3. 低压验电笔

低压验电笔是一种常用的电工工具,用于检查500V以下导体或各种用电设备的外壳是否带电,分为数字显示和氖管发光型两种。

1）氖管发光型低压验电笔

（1）氖管发光型低压验电笔外形如图3-37所示。

（2）结构：维修电工使用的低压验电笔又称试电笔,有钢笔式和螺钉旋具式两种。它们由氖管、电阻、弹簧和笔身等组成,如图3-38所示。

图3-37　氖管发光型低压验电笔外形

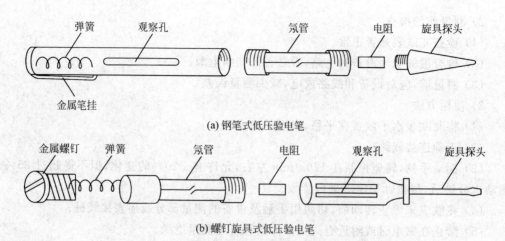

(a) 钢笔式低压验电笔

(b) 螺钉旋具式低压验电笔

图 3-38　钢笔式和螺钉旋具式低压验电笔结构

（3）功能及使用：使用时将验电笔笔尖触及被测物体，以手指触及笔尾的金属体，使氖管小窗背光朝自己，以便观察。如氖管发亮，说明设备带电。灯愈亮，则电压愈高；灯愈暗，电压愈低。另外，低压验电笔还有如下几个用途。

在 220V/380V 三相四线制系统中，可检查系统故障或三相负荷不平衡。无论是相间短路、单相接地，还是相线断线、三相负荷不平衡，中性线上均出现电压。若试电笔灯亮，证明系统故障或负荷严重不平衡。

检查相线接地。在三相三线制系统（丫接线）中，用试电笔分别触及三相时，发现氖管两相较亮，一相较暗，表明暗的一相有接地现象。

用以检查设备外壳漏电。当电气设备的外壳（如电动机、变压器）有漏电现象时，试电笔氖管发亮；如果外壳是接地的，氖管发亮，表明接地保护断线或其他故障（接地良好，氖管不亮）。

用以检查电路接触不良。当发现氖管闪烁时，表明回路接头接触不良或松动，或是两个不同的电气系统相互干扰。

用以区分直流、交流及直流电的正、负极。试电笔通过交流时，氖管的两个电极同时发亮；试电笔通过直流时，氖管的两个电极只有一个发亮。这是由交流正、负极交变，而直流正、负极不变形成的。用试电笔测试直流电的正、负极，氖管亮的那端为负极。人站在地上，用试电笔触及正极或负极，氖管不亮，证明直流不接地；否则，直流接地。

（4）使用试电笔时，要防止金属体笔尖触及皮肤，以免触电；同时要防止金属体笔尖触及引起短路事故。试电笔只能用于 380V/220V 系统。试电笔使用前须在有电设备上验证是否良好。

2）数字式低压验电笔

（1）数字式低压验电笔外形如图 3-39 所示。

（2）特点：无需电池驱动，方便、经济；LCD 显示，读数直接、明了。

图 3-39　数字式低压验电笔外形

直接测试：可直接或间接测量 12V、36V、55V、110V、220V 交/直流电,使用范围广。

带电感应测试：可轻松地进行感应断点测试、断线点测试,检测微波辐射及泄漏情况等。

测试范围 12~250VAC/DC。

(3) 注意事项:不可测量 380V 电源。请勿作为普通螺丝刀使用。

4. 钢直尺

钢直尺是最简单的长度量具,用于测量零件的长度尺寸,有 150mm、300mm、500mm 和 1000mm 四种规格。图 3-40 所示为常用的 300mm 钢直尺,其测量结果只能读出毫米数,即最小读数值为 1mm;比 1mm 小的数值,只能估计,如图 3-41 所示。

图 3-40 钢直尺外形图

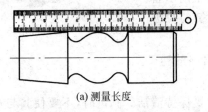

(a) 测量长度

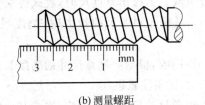

(b) 测量螺距

图 3-41 用钢直尺测量长度及螺距

注意事项如下所述。

(1) 使用前,把各种尺子摆放整齐、有条理,检查尺子是否有毛病、是否缺零件。

(2) 使用时,要轻拿轻放;不用时,放在盒盖上。

(3) 测量前,把尺子擦拭干净。

(4) 测量时,不能用力过猛,以免影响尺子的寿命和精度。

(5) 使用完毕,把尺子擦拭干净,检查有无损坏,并涂油,然后放入盒内。

(6) 存放时,尺子不能与工具混放,以免损坏。

5. 直角尺

直角尺是标准的直角仪器,用于测定直角,可用目视判断其是否完好。若要进行数字性评价,需使用其他量规或测定器。直角尺外形如图 3-42 所示。

测量时,将直角尺的一边贴住被测面并轻轻压住,然后使另一边与被测件表面接触,如图 3-43 所示。

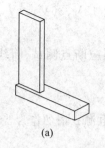

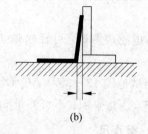

图 3-42　直角尺外形图　　　　　　图 3-43　直角尺的使用方法

使用注意事项如上所述。

6. 钢卷尺

用于测量较长工件的尺寸或距离。

1）外形

钢卷尺外形如图 3-44 所示。

2）钢卷尺组成及原理

钢卷尺主要由尺带、盘式弹簧（发条弹簧）、卷尺外壳三部分组成。当拉出刻度尺时，盘式弹簧被卷紧，产生向回卷的力；当松开刻度尺的拉力时，刻度尺被盘式弹簧的拉力拉回。

图 3-44　钢卷尺外形图

使用前，根据要测量尺寸的精度和范围选择合格的卷尺。

3）使用注意事项

钢卷尺的尺带一般镀铬、镍或其他涂料，所以要保持清洁。测量时，不要使其与被测表面摩擦，以防划伤。使用卷尺时，拉出尺带不得用力过猛，而应徐徐拉出，用毕让它徐徐退回。对于制动式卷尺，应先按下制动按钮，然后徐徐拉出尺带，用毕按下制动按钮，尺带自动收卷。尺带只能卷，不能折。不允许将卷尺存放在潮湿和有酸类气体的地方，以防锈蚀。为了便于夜间或无光处使用，有的钢卷尺的尺带的线纹面上涂有发光物质，在黑暗中能发光，让人看清楚线纹和数字，使用时应注意保护涂膜。

4）使用方法及读数

以钢卷尺为例，一手压下卷尺上的按钮，一手拉住卷尺的头，就能拉出来测量了。

（1）直接读数法

测量时，钢卷尺零刻度对准测量起始点，施以适当拉力，直接读取测量终止点所对应的尺上刻度。

（2）间接读数法

在一些无法直接使用钢卷尺的部位，可以用钢尺或直角尺，使零刻度对准测量点，尺身与测量方向一致；用钢卷尺量取到钢尺或直角尺上某一整刻度的距离，余长用读数法量出。

在使用钢卷尺时，产生误差的主要原因有下列几种：温度变化的误差、拉力误差，以及钢尺不水平的误差。

5）使用后的保养

首先，钢卷尺使用后，要及时把尺身上的灰尘用布擦拭干净；然后，用机油润湿。机油用量不宜过多，以润湿为准，存放备用。

7. 吊线锤（选配工具）

吊线锤外形如图 3-45 所示，用于任意测定基准点，可在不同材质（木质、金属、水泥）上定位。

吊线锤的线锤沿重力的方向竖直向下，可以通过重锤线目测建筑物是否和地面垂直。

8. 水平尺（选配工具）

水平尺拥有"口"字形铝合金框架，其表面喷塑处理，测量面经铣加工处理，由三个有机玻璃水准泡和塑料件组成。三个水准泡分别指示 90°、180°、45°。以铣加工面测量 90°、180°、45° 时，测量精度可达 $0.057° = 1mm/m$，用于检验、测量、调试设备是否安装水平。水平尺还可用于检验、测量、划线、设备安装、工业工程的施工。常用产品规格为 300mm、400mm、500mm、600mm、800mm、1000mm、1200mm、1500mm、1800mm。

1）外形

水平尺的外形如图 3-46 所示。

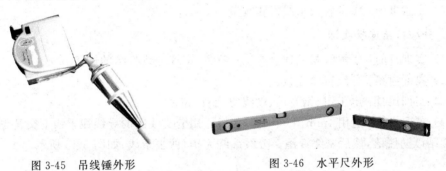

图 3-45　吊线锤外形　　　　　　　图 3-46　水平尺外形

2）特点

水平尺为镁铝合金材料，经过冲压成型，再经过人工刮研处理，所以其精度相当高，用于高精度水平测量，也可以当做平行平尺使用。它重量轻，不易变形，带有挂孔。

3）用途

水平尺主要用于检验机床及其他设备导轨的平直度，或者在设备的安装、检验、测量、划线、工业工程施工时测量水平度，并可检验微小倾角。

4）使用方法

将水平尺放在水平面上，观察水平尺中的气泡。如果气泡在中间，表示该平面水平；如果气泡偏向左边，表示该平面的右边低；如果气泡偏向右边，表示该平面的左边低。

5）保管

水平尺容易保管，悬挂、平放都可以，不会因长期平放影响其直线度、平行度。而且铝镁轻型水平尺不易生锈，使用期间不用涂油。若长期不用，存放时涂上薄薄的一层一般工业油即可。

3.2.3　导线的连接

1. 单芯铜导线连接实训

（1）实训目的：熟悉、掌握单芯线的连接方法。

（2）实训内容：单芯线连接。

（3）实训用具：电工钳、钢卷尺、剥线钳、斜口钳。

（4）实训步骤：如图 3-47 所示。

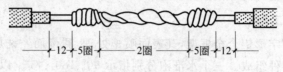

图 3-47　单芯铜导线连接示意图

绞接法：适用 4mm² 以下的单芯线，用分支线路的导线往干线上交叉，先打好一个圈结以防脱落，然后密绕 5 圈。分线缠绕完毕，剪去余线。

缠卷法：适用于 6mm² 及以上单芯线的分支连接。将分支线折成 90°紧靠干线，其公卷的长度为导线直径的 10 倍，单卷缠绕 5 圈后剪断余下线头。

（5）注意事项：参考管内穿线操作规范。

2. 分线打结连接实训

（1）实训目的：了解线材的连接方法；熟悉、掌握分线打结的连接方法。

（2）实训内容：分线打结连接。

（3）实训用具：电工钳、钢卷尺、剥线钳、斜口钳。

（4）实训步骤：适用 4mm² 以下的单芯线。用分支线路的导线往干线上交叉，先打好一个圈结以防脱落，然后密绕 5 圈。分线缠绕完毕，剪去余线，如图 3-48 所示。

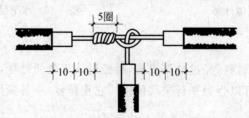

图 3-48　分线打结连接示意图

（5）注意事项：参考管内穿线操作规范。

3. "十"字分支导线两侧连接实训

（1）实训目的：熟悉、掌握"十"字分支导线两侧连接方法。

（2）实训内容："十"字分支导线两侧连接法。

（3）实训用具：电工钳、钢卷尺、剥线钳、斜口钳。

（4）实训步骤：取任意一侧的两根相邻的线芯，在结合处中央交叉；用其中的一根线芯作为绑线，在导线上缠绕 5～7 圈后，用另一根线芯与绑线相绞，把原来的绑线压住上面的,继续按上述方法缠绕,其长度为导线直径的 10 倍;最后缠卷的线端与一条线捻绞 2 圈后剪断。另一侧的导线依此完成,如图 3-49 所示。

（5）注意事项:参考管内穿线操作规范。注意,把线芯相绞处排列在一条直线上。

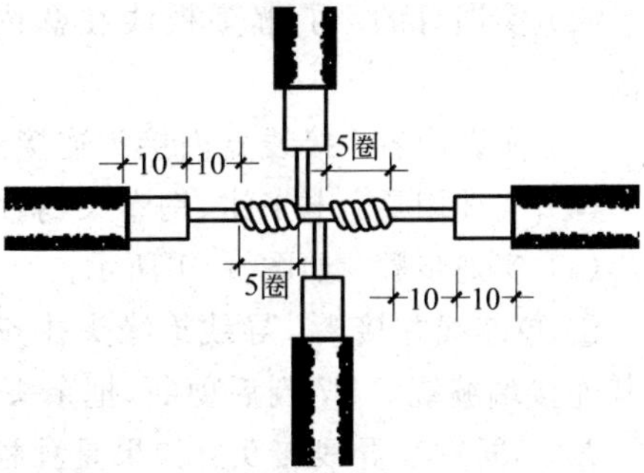

4. 多芯铜导线分支连接实训

（1）实训目的:熟悉、掌握多芯铜导线分支连接方法。

（2）实训内容:多芯铜导线分支连接法。

（3）实训用具:电工钳、钢卷尺、剥线钳、斜口钳。

图 3-49 "十"字分支导线两侧连接示意图

（4）实训步骤:如图 3-50 所示。

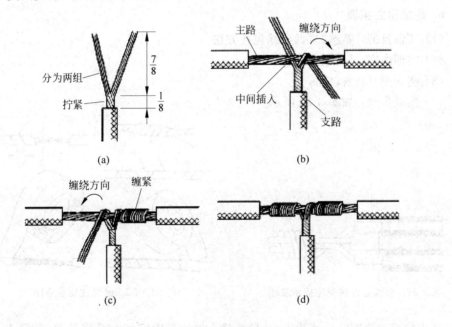

图 3-50 多芯铜导线分支连接示意图

缠卷法:将分支线折成 90°紧靠干线。将绑线端部适当处弯成半圆形,将绑线短端弯成与半圆形成 90°角,并与连接线靠紧;用较长的一端缠绕,其长度应为导线结合处直径的 5 倍,再将绑线两端捻绞 2 圈,剪掉余线。

单卷法:将分支线破开(或劈开两半),根部折成 90°紧靠干线。用分支线其中的一根在干线上缠圈,缠绕 3～5 圈后剪断,再用另一根线芯继续缠绕 3～5 圈后剪断。按此方法操作,直至连接到双根导线直径的 5 倍时为止,应保护各剪断处在同一直线上。

复卷法:将分支线端破开劈成两半后与干线连接处中央相交叉,将分支线向干线两侧分别紧密缠绕后,余线按阶梯形剪断,长度为导线直径的 10 倍。

（5）注意事项:参考管内穿线操作规范。

5. 接线盒内接头连接实训

(1) 实训目的：了解多根线在盒内的连接方法；熟悉、掌握接线盒内接头的连接方法。

(2) 实训内容：接线盒内接头连接法。

(3) 实训用具：电工钳、钢卷尺、剥线钳、斜口钳。

(4) 实训步骤：如图 3-51 所示。

① 单芯线并接头：导线绝缘头并齐合拢。在距绝缘台约 12mm 处，用其中一根线芯在其连接端缠绕 5～7 圈后剪断，把余头并齐折回，压在缠绕线上。

② 不同直径导线接头：如果是独根（导线截面小于 2.5mm²）或多芯软线，应先进行刷锡处理；再将细线在粗线上距离绝缘层 15mm 处交叉，并将线端部向粗导线（独根）端缠绕 5～7 圈，将粗导线端折回，压在细线上。

(5) 注意事项：参考管内穿线操作规范。

6. 绝缘建立实训

(1) 实训目的：熟悉、掌握导线包扎方法。

(2) 实训内容：导线包扎法。

(3) 实训用具：斜口钳。

(4) 实训步骤：如图 3-52 所示。

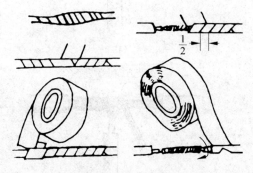

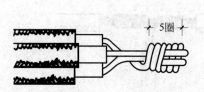

图 3-51　接线盒内接头连接示意图　　　　图 3-52　绝缘建立示意图

采用橡胶（或粘塑料）绝缘带，从导线接头处始端的完好绝缘层开始，缠绕 1～2 个绝缘带幅宽度，再以半幅宽度重叠缠绕。在包扎过程中，应尽可能收紧绝缘带。在绝缘层上缠绕 1～2 圈后，再回缠。

采用橡胶绝缘带包扎时，应将其拉长 2 倍后再缠绕，然后用黑胶布包扎。包扎时要衔接好，以半幅宽度边压边缠绕，同时在包扎过程中收紧胶布，导线接头处两端应用黑胶布封严密。包扎后，应呈枣核形。

(5) 注意事项：参考管内穿线操作规范。

电 气 照 明

4.1　电气照明任务单

任务名称	电气照明		
任务内容	要　　求	学生完成情况	自我评价
电气照明	了解电气照明的基本知识		
	了解白炽灯、开关和插座的安装		
	掌握日光灯的安装与维修		
	了解其他电光源的安装		
	总结与考核		
考核成绩			
教学评价			
教师的理论教学能力	教师的实践教学能力	教师的教学态度	
对本任务教学的建议及意见			

4.2　电气照明实训

实训一　白炽灯照明线路

一、实训目的

(1) 熟练使用各种电工工具。

(2) 掌握白炽灯线路的安装和布线。

二、实训内容

按照图纸进行白炽灯照明线路的安装与布线。白炽灯照明线路工艺图如图 4-1 所示。

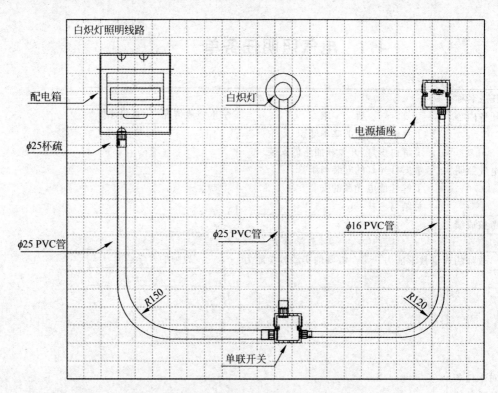

图 4-1　白炽灯照明线路工艺图

三、实训用具

斜口钳、手动弯管器、弯管弹簧、钢直尺、钢卷尺、角度尺、手锯弓、锯条、手锤、手电钻、钻头、螺丝刀等。

四、实训步骤

(1) 熟悉施工图。

(2) 选择器材：按照表 4-1 选择所需器材。

（3）根据图纸确定电器安装位置、导线敷设途径等。

（4）在模拟墙体上，将所有的固定点打好安装孔眼。

（5）装设管卡、PVC管及各种安装支架。

（6）敷设导线：根据图4-2所示原理图敷设导线。

（7）安装灯具和电器：将灯泡、开关、插座等安装、固定好。

表 4-1　白炽灯照明线路的安装与布线所需器材

序号	名　称	型　号	数　量
1	PVC 管	$\phi16$	1.5m
2	PVC 管	$\phi25$	2.5m
3	PVC 杯疏	$\phi16$	2 个
4	PVC 杯疏	$\phi25$	3 个
5	86 型暗盒		2 只
6	配电箱		1 只
7	漏电保护器	DZ47-LE-2P-25A	1 只
8	空气开关	DZ47-1P-3A	2 只
9	螺口平灯座		1 只
10	白炽灯泡	220V/40W	1 只
11	圆木		1 只
12	单联开关	CD200-DG86K2	1 只
13	电源插座	DG862K1	1 只

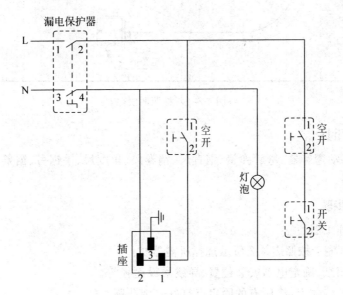

图 4-2　白炽灯照明线路原理图

实训二 双控照明线路

一、实训目的

（1）熟练使用各种电工工具。

（2）掌握照明线路中双控线路的安装和布线。

二、实训内容

按照图 4-3 所示进行双控线路的安装与布线。

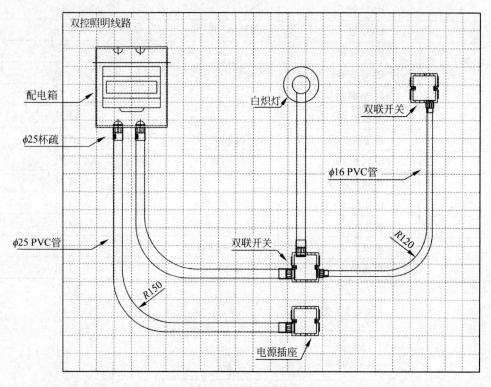

图 4-3 双控照明线路

三、实训用具

斜口钳、手动弯管器、弯管弹簧、钢直尺、钢卷尺、角度尺、手锯弓、锯条、手锤、手电钻、钻头、螺丝刀等。

四、实训步骤

（1）熟悉施工图。

（2）选择器材：按照表 4-2 所示选择所需器材。

（3）根据图纸，确定电器安装位置、导线敷设途径等。

（4）在模拟墙体上，将所有的固定点打好安装孔眼。

（5）装设管卡、PVC 管及各种安装支架。

（6）敷设导线：根据图 4-4 所示原理图敷设导线。

（7）安装灯具和电器：将灯泡及开关插座面板等固定安装。

表 4-2　双控照明线路的安装与布线所需器材

序 号	名　　　称	型　　　号	数　　量
1	PVC 管	φ25	3m
2	PVC 管	φ16	1m
3	PVC 杯疏	φ25	5 个
4	PVC 杯疏	φ16	2 个
5	86 型暗盒		3 只
6	配电箱		1 只
7	漏电保护器	DZ47-LE-2P-25A	1 只
8	空气开关	DZ47-1P-3A	2 只
9	螺口平灯座		1 只
10	白炽灯泡	220V/40W	1 只
11	圆木		1 只
12	双控开关	CD200-DG862K2	1 只
13	电源插座	DG862K1	1 只

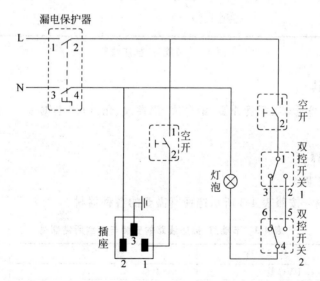

图 4-4　双控照明线路原理图

实训三　节能灯、插座线路

一、实训目的

（1）熟练使用各种电工工具。

（2）掌握节能灯、插座线路的安装和布线。

二、实训内容

按照图 4-5 所示进行节能灯、插座线路的安装与布线。

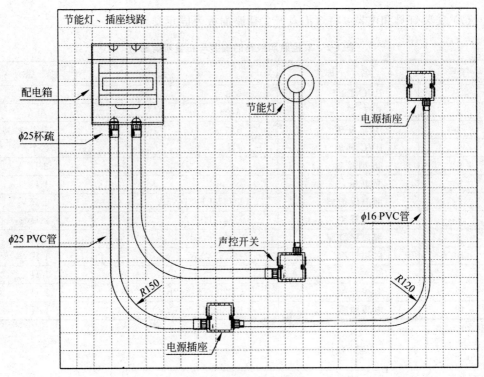

图 4-5　节能灯、插座线路

三、实训用具

斜口钳、手动弯管器、弯管弹簧、钢直尺、钢卷尺、角度尺、手锯弓、锯条、手锤、手电钻、钻头、螺丝刀等。

四、实训步骤

(1) 熟悉施工图。

(2) 选择器材：按照表 4-3 所示选择所需要的各种器材。

表 4-3　节能灯、插座线路的安装与布线所需器材

序　号	名　　称	型　　号	数　量
1	PVC 管	$\phi25$	3m
2	PVC 管	$\phi16$	1m
3	PVC 杯疏	$\phi25$	5 个
4	PVC 杯疏	$\phi16$	2 个
5	86 型暗盒		3 只
6	配电箱		1 只
7	漏电保护器	DZ47-LE-2P-25A	1 只
8	空气开关	DZ47-1P-3A	2 只
9	螺口平灯座		1 只
10	节能灯泡	220V/8W	1 只
11	圆木		1 只
12	声控开关	CD200-D86SG	1 只
13	电源插座	DG862K1	2 只

（3）根据图纸,确定电器安装的位置、导线敷设途径等。

（4）在模拟墙体上,将所有的固定点打好安装孔眼。

（5）装设管卡、PVC管及各种安装支架。

（6）敷设导线：根据图4-6所示原理图敷设导线。

（7）安装灯具和电器：将灯泡及开关插座面板等固定安装。

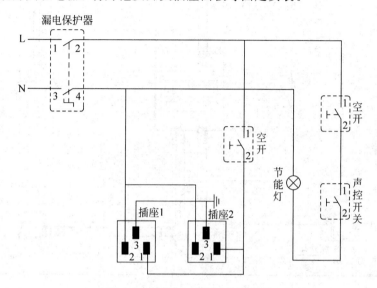

图 4-6　节能灯、插座线路原理图

实训四　吸顶灯控制线路

一、实训目的

（1）熟练使用各种电工工具。

（2）掌握吸顶灯控制线路的安装和布线。

二、实训内容

按照图4-7所示进行吸顶灯控制线路的安装与布线。

三、实训用具

斜口钳、手动弯管器、弯管弹簧、钢直尺、钢卷尺、角度尺、手锯弓、锯条、手锤、手电钻、钻头、螺丝刀等。

四、实训步骤

（1）熟悉施工图。

（2）选择器材：按照表4-4所示选择所需器材。

（3）根据图纸,确定电器安装的位置、导线敷设途径等。

（4）在模拟墙体上,将所有的固定点打好安装孔眼。

（5）装设管卡、PVC管及各种安装支架。

（6）敷设导线：根据图4-8所示原理图敷设导线。

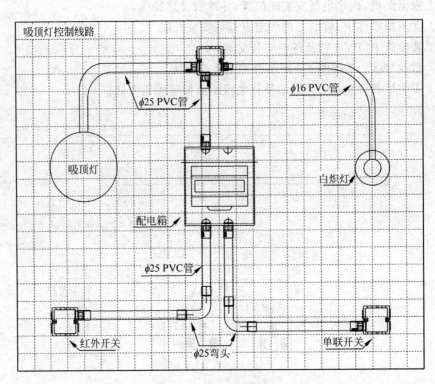

图 4-7 吸顶灯控制线路

表 4-4 吸顶灯控制线路的安装与布线所需器材

序号	名 称	型 号	数 量
1	PVC 管	φ25	3m
2	PVC 管	φ16	1m
3	PVC 杯疏	φ25	7 个
4	PVC 杯疏	φ16	1 个
5	86 型暗盒		2 只
6	配电箱		1 只
7	漏电保护器	DZ47-LE-2P-25A	1 只
8	空气开关	DZ47-1P-3A	1 只
9	螺口平灯座		1 只
10	白炽灯泡	220V/40W	1 只
11	圆木		1 只
12	单联开关	CD200-DG86K2	1 只
13	红外开关	D86HW	1 只
14	声控开关	CD200-D86SG	1 只

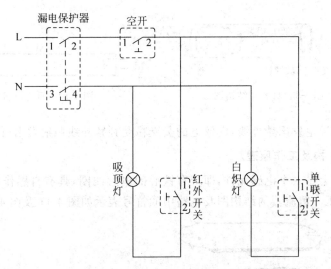

图 4-8 吸顶灯控制线路原理图

实训五 日光灯照明电路的安装与调试

一、实训目的

(1) 掌握日光灯的种类和工作原理。

(2) 学会日光灯线路的安装和布线。

(3) 学会用万用表检测、分析和排除故障。

二、实训器材

日光灯灯管与底座、启辉器、镇流器、按钮开关、电容器、基本电工工具,如表 4-5 所示。

表 4-5 日光灯照明电路的安装与布线所需器材

序号	名　称	型　　号	数量/个	备　注
1	空气开关			
2	单联开关	CD200-DG862K2	1	
3	电容器		1	
4	日光灯	10W	1	
5	镇流器	HLDGZHE-M13W	1	
6	启辉器	S10	1	
7	开关盒	H86MS50/1 暗盒	3	

三、器材结构及工作过程

1. 日光灯灯管结构及工作原理

日光灯灯管的结构如图 4-9 所示,在电路中的符号表示如图 4-10 所示。

日光灯的启辉电压为 400~500V,正常工作电压为 50~60V。

日光灯灯管工作原理:两端灯丝给气体加热,并给气体加上高电压。内部水银蒸气

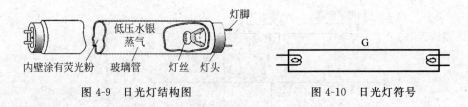

图 4-9　日光灯结构图　　　　　　图 4-10　日光灯符号

在高电压作用下导电发出紫外线,内壁上的荧光粉受到紫外线照射发出可见光。

2. 镇流器结构及工作原理

镇流器实际上是一个电感元件,即带有铁心的电感线圈,具有自感作用,与启辉器配合,产生瞬间高压。镇流器的结构图及电路中的符号表示如图 4-11 及图 4-12 所示。

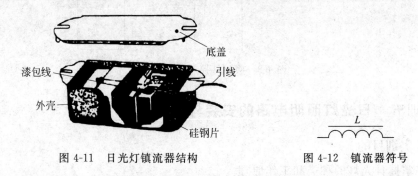

图 4-11　日光灯镇流器结构　　　　　　图 4-12　镇流器符号

镇流器的作用是:启动时,提供瞬时高压;工作时,降压限流。

3. 启辉器结构及工作原理

启辉器是一个充有氖气的玻璃泡,里面装有两个电极:一个是静触片,一个是由两个膨胀系数不同的金属构成的"U"形动触片。启辉器的结构及符号如图 4-13 和图 4-14 所示。在日光灯电路中,启辉器起自动开关的作用。

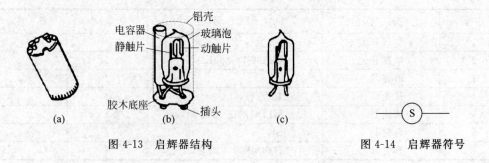

图 4-13　启辉器结构　　　　　　图 4-14　启辉器符号

4. 电容元件结构及符号

电容由两个导电极板加中间的绝缘物质组成,具有隔绝直流电,接通交流电(通高频,阻低频)的作用。在日光灯电路中,电容主要起改变功率因数的作用。根据电容器接通与否,观察灯管的亮灭情况。

电容符号如图 4-15 所示。

四、日光灯工作原理

日光灯电路原理图如图 4-16 所示，K_1 是空气开关，具有控制和保护作用；K_2 是单联开关，控制电容器接通与否。

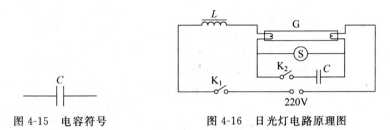

图 4-15　电容符号　　　　　　　图 4-16　日光灯电路原理图

日光灯工作原理简述如下。

1. 日光灯的点燃过程

（1）闭合开关，电压加在启辉器两极间；氖气放电，发出紫色辉光，产生的热量使"U"形动触片膨胀伸长，跟静触片接触，使电路接通。灯丝和镇流器中有电流通过。

（2）电路接通后，启辉器中的氖气停止放电，"U"形片冷却收缩，两个触片分离，电路自动断开。

（3）在电路突然断开的瞬间，由于镇流器电流急剧减小，将产生很高的自感电动势，方向与电源电动势相同。这个自感电动势与电源电压加在一起，形成一个瞬时高压，加在灯管中的气体开始放电，于是日光灯成为电流的通路，开始发光。

2. 日光灯正常发光

日光灯开始发光后，由于交变电流通过镇流器线圈，线圈中产生自感电动势，它总是阻碍电流变化，这时和镇流器起降压限流的作用，保证日光灯正常发光。

五、日光灯线路的常见故障分析(见表 4-6)

表 4-6　日光灯线路常见故障分析及检修方法

故障现象	产生原因	检修方法
开关合上后，熔断器熔丝烧断	1. 灯座内的两个线头短路 2. 螺口灯座内的中心铜片与螺旋铜圈相碰短路 3. 线路中发生短路 4. 用电器发生短路 5. 用电量超过熔丝容量	1. 检查灯座内的两个线头并修复 2. 检查灯座并板中心铜片 3. 检查导线绝缘是否老化或损坏并修复 4. 检查用电器并修复 5. 减小负载或更换熔断器
不能发光或发光困难，灯管两头发亮或灯光闪烁	1. 电源电压太低 2. 接线错误，或灯座与灯脚接触不良 3. 灯管老化 4. 镇流器配用不当，或内部接线松脱 5. 气温过低 6. 启辉器配用不当，接线断开。电容器短路或触点熔焊	1. 不必修理 2. 检查线路和接触点 3. 更换新灯管 4. 修理或调换镇流器 5. 加热或加罩 6. 检查后更换

续表

故 障 现 象	产 生 原 因	检 修 方 法
灯管发黑或产生黑斑	1. 灯管陈旧,寿命将终 2. 电源电压太高 3. 镇流器配用不合适 4. 如果为新灯管,可能因启辉器损坏而使灯丝发光物质加速挥发 5. 灯管内水银凝结,属正常现象	1. 调换灯管 2. 测量电压并适当调整 3. 更换适当的镇流器 4. 更换启辉器 5. 将灯管旋转180°安装
灯管寿命短	1. 镇流器配合不当或质量差,使电压失常 2. 受到剧振,致使灯丝振断 3. 接线错误,导致灯管烧坏 4. 电源电压太高 5. 开关次数太多,或灯光长时间闪烁	1. 选用适当的镇流器 2. 更换灯管,改善安装条件 3. 检修线路后,使用新管 4. 调整电源电压 5. 减少开关次数,及时检修闪烁故障
镇流器有杂声或电磁声	1. 镇流器质量差,铁心未夹紧 2. 镇流器过载或其内部短路 3. 启辉器不良,启动时有杂声 4. 镇流器有微弱声响 5. 电压过高	1. 调换镇流器 2. 检查过载原因,调换镇流器,配用适当灯管 3. 调换启辉器 4. 属于正常现象 5. 设法调整电压
镇流器过热	1. 灯架内温度太高 2. 电压太高 3. 线圈匝间短路 4. 过载,与灯管配合不当 5. 灯光长时间闪烁	1. 改进装接方式 2. 适当调整 3. 处理或更换 4. 检查、调换 5. 检查闪烁原因并修复

照明配电盘的制作与调试

5.1　照明配电盘的制作与调试任务单

任务名称	照明配电盘的制作与调试		
任务内容	要　　求	学生完成情况	自我评价
照明配电盘的制作与调试	认识照明配电盘电路中的各个元器件及其电路结构		
	能够读懂并操作照明配电盘电路的电路连接图,并设计布局图		
	掌握单相电度表的接线方法,理解表盘数据代表的物理含义		
考核成绩			
教学评价			
教师的理论教学能力	教师的实践教学能力		教师的教学态度
对本任务教学的建议及意见			

5.2　照明配电盘的制作与调试实训

实训一　白炽灯照明配电盘的安装与调试

一、实训目的

（1）掌握白炽灯的种类和工作原理。

（2）学会白炽灯线路的安装和布线。

（3）学会用万用表检测、分析和排除故障。

二、实训所需电气元件明细表（见表 5-1）

表 5-1　实训一所需电气元件明细表

序　号	名　　称	型　　号	数量/个	备　注
1	灯泡	220V/40W	2	
2	螺口平灯座	3A　250V～	2	
3	单联开关		1	
4	双联开关		1	
5	开关盒		2	

三、白炽灯

白炽灯结构简单，使用可靠，价格低廉，相应的电路也简单，因而应用广泛；其主要缺点是发光效率较低，寿命较短。图 5-1 所示为白炽灯泡的外形。

白炽灯泡由灯丝、玻壳和灯头三部分组成。灯丝一般由钨丝制成，玻壳由透明或不同颜色的玻璃制成。40W 以下的灯泡，将玻壳内抽成真空；40W 以上的灯泡，在玻壳内充有氩气或氮气等惰性气体，使钨丝不易挥发，以延长寿命。灯泡的灯头有卡口式和螺口式两种形式。功率超过 300W 的灯泡，一般采用螺口式灯头，因为螺口式灯座比卡口式灯座接触和散热要好。

(a) 卡口式　　　(b) 螺口式

图 5-1　白炽灯泡示意图

四、常用的灯座

常用的灯座有卡口式吊灯座、卡口式平灯座、螺口式吊灯座和螺口式平灯座等，外形结构如图 5-2 所示。

(a) 卡口式吊灯座　　(b) 卡口式平灯座　　(c) 螺口式吊灯座　　(d) 螺口式平灯座

图 5-2　常用灯座示意图

五、常用的开关

开关的品种很多,常用的有接线开关、顶装拉线开关、防水接线开关、平开关、暗装开关等,其外形分别如图 5-3 所示。

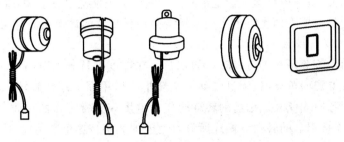

图 5-3 常用开关

六、白炽灯的控制原理

白炽灯的控制方式有单联开关控制和双联开关控制两种方式,如图 5-4 所示。

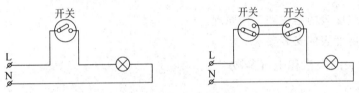

图 5-4 白炽灯的控制原理

七、白炽灯照明电路的安装与接线

先将准备实训的开关装到开关盒上。白炽灯的基本控制线路如表 5-2 所示,可选用几种进行实训。

表 5-2 白炽灯基本控制线路

名称用途	接 线 图	备 注
一个单联开关控制一个灯	电源 中性线 相线	开关装在相线上,接入灯头中心簧片;零线接入灯头螺纹口接线柱
一个单联开关控制两个灯	电源 中性线 相线	超过两个灯,按虚线延伸;但要注意开关允许容量
两个单联开关,分别控制两盏灯	电源 中性线 相线	用于多个开关及多个灯,可延伸接线
两个双联开关在两地,控制一个灯	零 火 三根线(两火一零)	用于楼梯或走廊,两端都能开、关的场合。接线口诀:开关之间三条线,零线经过不许断,电源与灯各一边

实训二　电度表原理与接线

电度表是计量电能的仪表。凡是需要计量用电量的地方,都要使用电度表。电度表可以计量交流电能,也可以计量直流电能;在计量交流电能的电度表中,又分成计量有功电能和无功电能的电度表两类。本实训介绍的是用量最大的计量交流有功电能的感应式电度表。

电度表的活动部分是一个可以转动的铝盘。在电度表特有的磁路中,当有一定的电能通过电度表自电源向负载时,铝盘受到一个转矩的作用而不停地旋转。具有这种工作原理的仪表称为感应式仪表。铝盘的转动既作为电度表正常工作的标志,又带动一个齿轮,最后由计数器把铝盘的转数变换成所计量电能的数字。这个数字代表了累计用电量。因此,电度表是一种积算式仪表。

交流电度表分为单相电度表和三相电度表两类,分别用于单相及三相交流系统中电能的计量。

一、实训目的

(1) 掌握电度表的结构和工作原理。

(2) 掌握电度表的安装要求。

二、电度表的规格和电气参数

1. 额定电压

单相电度表的额定电压有 220(250)V 和 380V 两种,分别用在 220V 和 380V 的单相电路中。

三相电度表的额定电压有 380V、380/220V 和 100V 三种,分别用在三相三线制(或三相四线制的平衡负荷)、三相四线制的平衡或不平衡负荷以及通过电压互感器接入的高压供电系统中。

2. 额定电流

电度表的额定电流有多个等级。如 1A、2A、3A、5A 等,表明该电度表所能长期安全流过的最大电流。有时,电度表的额定电流标有两个值,后面一个写在括号中,如 2(4)A,说明该电度表的额定电流为 2A,最大负荷可达 4A。

3. 频率

国产交流电度表都用在 50Hz 电网中,故其使用频率都是 50Hz。

4. 电度表常数

电度表常数表示每用 1 千瓦小时的电,电度表的铝盘转动的圈数。例如,某块电度表的电度表常数为 700,说明电度表每走一个字,即每用 1 千瓦小时的电,铝盘要转 700 圈。根据电度表常数,可以测算出用电设备的功率。

5. 感应式电度表的基本结构和原理

感应式单相电度表的结构示意图如图 5-5 所示。它由以下几部分组成。

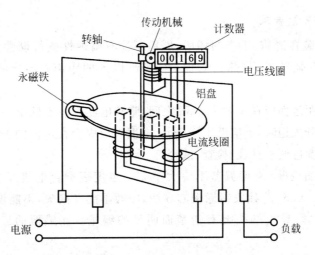

图 5-5 感应式单相电度表的结构示意图

1）电磁机构

电磁机构是电度表的核心部分。它由两组线圈和各自的磁路组成。一组线圈称为电流线圈，与被测负载串联，工作时流过负荷电流；另一组线圈与电源并联，称为电压线圈。电度表工作时，两组线圈产生的磁通同时穿过铝盘。在这些磁通的共同作用下，铝盘受到一个正比于负载功率的转矩，使铝盘开始转动。其转速与负载功率成正比。铝盘通过齿轮机构带动计数器，可直接显示用电量。

2）计数器

计数器是电度表的指示机构，又称积算器，用电量的多少，最终由它指示出来。

3）传动机构

传动机构也就是电磁机构和积算器之间的各种传动部件，由齿轮、蜗轮及蜗杆组成。铝盘的转数通过这一部分在计数器上显示出来。

4）制动机构

制动机构是一块可以调整的永磁铁。电度表正常工作时，铝盘受到一个转矩，此时产生一个加速度。若不靠永磁铁的制动转矩，铝盘会越转越快。当制动转矩与电磁转矩平衡时，铝盘保持匀速转动。

5）其他部分

其他部分包括各种调节校准机构、支架、轴承、接线端子等。它们是电度表的辅助部分，也是保证电度表正常工作必不可少的部分。

6. 电度表的倍率及计算方法

电度表以计数器来显示累计用电量。计数器每加个位 1，也就是常说的电度表走一个字，说明用电量为 1 千瓦小时。假如电度表是通过电流互感器接入，而且电度表的额定电流是 5A，那么，在某一段时间的用电量应该是这段时间的起始与终了时计数器的数字差与电流互感器的倍率的乘积。例如：

某段时间实际用电量＝（本次电表读数－上次电表读数）×互感器变比

7. 电度表的安装要求

电度表应安装在清洁、干燥的场所，周围不能有腐蚀性或可燃性气体，不能有大量的灰尘，不能靠近强磁场；与热力管保持 0.5m 以上的距离；环境温度应在 0～40℃之间。

明装电度表距地面应在 1.8～2.2m 之间，暗装电度表应不低于 1.4m。将电度表装于立式盘和成套开关柜时，不应低于 0.7m。电度表应固定在牢固的表板或支架上，不能有震动。安装位置应便于抄表、检查、试验。

电度表应垂直安装，垂度偏差不应大于 2°。电度表配合电流互感器使用时，其电流回路应选用 2.5mm² 的独股绝缘铜芯导线，中间不能有接头，不能设开关与保险。所有压接螺丝要拧紧，导线端头要有清楚而明显的编号。互感器的二次绕组的一端要接地。

8. 电度表的安全要求

电度表的选择要使其型号和结构与被测负荷的性质和供电制式相适应；其电压额定值要与电源电压相适应，电流额定值要与负荷相适应。

要弄清电度表的接线方法，然后再接线。接线一定要细心，接好后仔细检查。如果发生接线错误，轻则造成计量不准或电表反转，重则导致烧表，甚至危及人身安全。

配用电流互感器时，电流互感器的二次侧在任何情况下都不允许开路。二次侧的一端应良好接地。接在电路中的电流互感器如暂时不用，应将二次侧短路。

对于容量在 250A 及以上的电度表，需要加装专用的接线端子，以备校表之用。

实训三　单相电度表的直接接线

单相电度表有四个接线孔，两个接进线，两个接出线。按照进出线的不同，单相电度表分为顺入式和跳入式接线。

对于一个具体的电度表，其接法是确定的，在使用说明书上都有说明，一般在接线端盖的背后印有接线图。另外，还可以用万用表的电阻挡来判断电度表的接线。如果电度表计量的负荷很大，超过了电度表的额定电流，要配用电流互感器。此时，电度表的电流线圈不再串在负载电路中，而是与电流互感器的二次侧相连。电流互感器的一次侧绕组串在负载电路中。电度表的电压线圈将无法从它邻近的电流接线端上得到电压。因此，电压线圈的进线端必须单独引出一根线，接到电流互感器一次回路的进线端。要特别注意的是，电流互感器的两个绕组的同名端和电度表的两个同名端的接法不可搞错，否则可能引起电度表倒转。

一、实训目的

(1) 掌握单相电度表的工作原理。

(2) 掌握单相电度表的安装及布线。

(3) 学会用万用表检测、分析和排除故障。

二、实训所需电气元件明细表(见表 5-3)

表 5-3   实训三所需电气元件明细表

序号	名　　称	型　　号	数量/个	备注
1	漏电保护器	DZ47LE10A/2P	1	
2	单相电度表	DD862a	1	
3	螺口平灯座	3A 250V～	1	
4	螺口灯泡	220V/25W	1	

三、安装接线

根据原理图 5-6,在面板选择元件,并按图 5-7 所示接线。

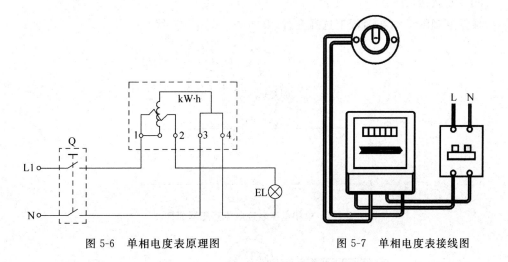

图 5-6　单相电度表原理图　　　　图 5-7　单相电度表接线图

四、测试与调试

检查接线无误后,按下控制面板上的启动按钮启动电源。

电源启动后,合上开关 Q,充当负载的灯泡亮。观察电度表的铝圆盘,应看到它从左往右匀速转动。

实训四　单相电度表经电流互感器接线

一、实训目的

(1) 掌握单相电度表经电流互感器接线的工作原理。

(2) 掌握单相电度表经电流互感器接线的安装及布线。

(3) 学会用万用表检测、分析和排除故障。

二、实训所需电气元件明细表（见表 5-4）

表 5-4　实训四所需电气元件明细表

序号	名　称	型　号	数量/个	备　注
1	漏电保护器	DZ47LE10A2P	1	
2	单相电度表	DD862a	1	
3	电流互感器	LMK3(BH)-0.66 5/5A 5VA	1	
4	螺口平灯座	3A　250V～	1	
5	螺口灯泡	220V/25W	1	

三、实训原理

与"单相电度表直接接线"相比，本次实训增加了一个电流互感器。在电路负载比较小的情况下，可以将电度表直接接入电路；但在负载比较大的电路中，负载电流比较大，若直接将电度表接入电路，可能损坏电度表，所以需要使用电流互感器将负载电流变成较小的电流互感器二次侧电流。

四、安装接线

根据原理图 5-8，在面板上选择元件，并按图 5-9 所示接线。

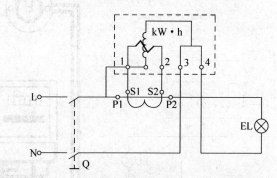

图 5-8　单相电度表经电流互感器原理图

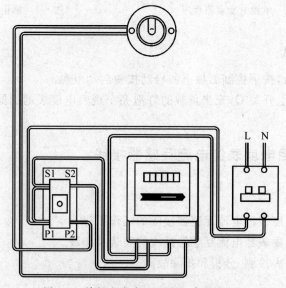

图 5-9　单相电度表经电流互感器接线图

五、测试与调试

检查接线无误后,按下控制面板上的启动按钮启动电源。

电源启动后,合上开关 Q,充当负载的灯泡亮。观察电度表的铝圆盘,应看到它从左往右匀速转动。电流互感器的变比是 5∶5,所以电度表转盘的转动速度与直接接线时相同。

实训五 家用照明线路的调试及故障排除

一、实训目的

(1)掌握家用照明线路的工作原理。

(2)学会家用照明线路的安装和布线。

(3)学会用万用表检测、分析和排除故障。

二、实训所需电气元件明细表(见表 5-5)

表 5-5 实训五所需电气元件明细表

序号	名 称	型 号	数量/个	备 注
1	空气开关	DZ108-20	1	
2	灯泡	220V/40W	1	
3	螺口平灯座	3A 250V~	1	
4	单联开关	250V(10A)	2	
5	插座	DG862K1	1	
6	单相电度表	DD862-4/220V(10A)40A	1	
7	开关盒	H86MS50/1 暗盒	2	

三、照明配电盘电气图

1. 照明配电盘电气原理图

如图 5-10 所示,K_1 是空气开关,K_2 是单联开关,电表是单相电度表。六是单相三孔扁插座。

2. 照明配电盘接线图

如图 5-11 所示,LNL 是空气开关内的布线示意图。单相三孔扁插座的接线规则是左零右火上接地。控制灯泡亮灭的开关应该接在火线上。

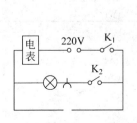

图 5-10 照明配电盘电气原理图

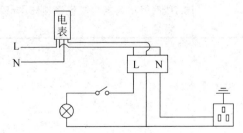

图 5-11 照明配电盘接线图

通电时一定要注意,电表要垂直放置,不能倾斜或平置,否则将引起读数不准确或电表空转。

四、照明线路的常见故障分析(见表 5-6)

表 5-6　照明线路常见故障分析

故障现象	产生原因	检修方法
开关合上后,熔断器熔丝烧断	1. 灯座内的两个线头短路 2. 螺口灯座内的中心铜片与螺旋铜圈相碰短路 3. 线路中发生短路 4. 用电器发生短路 5. 用电量超过熔丝容量	1. 检查灯座内的两个线头并修复 2. 检查灯座并板中心铜片 3. 检查导线绝缘是否老化或损坏并修复 4. 检查用电器并修复 5. 减小负载或更换熔断器
灯泡不亮	1. 灯泡钨丝烧断 2. 电源熔断器的熔丝烧断 3. 灯座或开关接线松动或接触不良 4. 线路中有短路故障	1. 调换新灯泡 2. 检查熔丝烧断的原因并更换熔丝 3. 检查灯座和开关的接线并修复 4. 用电笔检查线路的断路处并修复
开关合上后,熔断器熔丝烧断	1. 灯座内的两个线头短路 2. 螺口灯座内的中心铜片与螺旋铜圈相碰短路 3. 线路中发生短路 4. 用电器发生短路 5. 用电量超过熔丝容量	1. 检查灯座内的两个线头并修复 2. 检查灯座并板中心铜片 3. 检查导线绝缘是否老化或损坏并修复 4. 检查用电器并修复 5. 减小负载,或更换熔断器
灯泡忽亮忽暗或忽亮忽熄	1. 灯丝烧断,但受震动后忽接忽离 2. 灯座或开关接线松动 3. 熔断器熔丝接头接触不良 4. 电源电压不稳定	1. 更换灯泡 2. 检查灯座和开关并修复 3. 检查熔断器并修复 4. 检查电源电压
灯泡发强烈的白光,并瞬时或短时烧坏	1. 灯泡额定电压低于电源电压 2. 灯泡钨丝有搭丝,使电阻减小,电流增大	1. 更换与电源电压相符合的灯泡 2. 更换新灯泡
灯光暗淡	1. 灯泡内的钨丝挥发后积聚在玻璃壳内,表面透光度减低;同时,由于钨丝挥发后变细,电阻增大,电流减小,光通量减小 2. 电源电压过低 3. 线路因年久老化或绝缘损坏,有漏电现象	1. 正常现象,不必修理 2. 提高电源电压 3. 检查线路,更换导线

动力配电盘的安装与调试

6.1 动力配电盘的安装与调试任务单

任务名称	动力配电盘的安装与调试		
任务内容	要　　求	学生完成情况	自我评价
动力配电盘的安装与调试	掌握三相电度表的接线方法,理解表盘数据代表的物理含义		
	认识动力配电盘电路中的各个元器件及其电路结构		
	能够读懂动力配电盘电路的电路连接图,并设计布局图		
	按照自己设计的布局图正确接线		
	能够利用万用表检测接线的正确性,总结并考核		
考核成绩			
教学评价			
教师的理论教学能力	教师的实践教学能力		教师的教学态度
对本任务教学的建议及意见			

6.2 动力配电盘的安装内容

1. 三相四线电能表的接线规则

中华人民共和国电力行业标准 DL/T 825—2002《电能计量装置安装接线规则》要求如下(简称"行标要求",下同)。

(1) 按待装电能表端钮盒盖上的接线图正确接线。

(2) 装表用导线颜色规定:A、B、C 各相线及 N 中性线分别采用黄、绿、红及黑色。接地线用黄绿双色。这符合国家标准 GB/T 2681—1981《电工成套装置中的导线颜色》规定。

(3) 三相电能表端钮盒的接线端子应遵循"一孔一线"、"孔线对应"原则。禁止在电能表端钮盒端子孔内同时连接两根导线,以减少在电能表更换时造成接错线的几率。

(4) 三相电源应按正相序装表接线。因三相电能表在接线图上已标明正相序,而且在室内检定时也是按正相序检定,特别是感应式无功电能表,若在逆相序电源下,将出现倒走。

(5) 对经互感器接入的三相电能表,为便于日常现场检表和不停电换表处理,建议在电能表前端加装试验接线盒。

(6) 经 TA 接入式电能表装表用的电压线,应采用导线截面为 $2.5 mm^2$ 及以上的绝缘铜质导线;装表用的电流线,应采用导线截面为 $4 mm^2$ 的绝缘铜质导线。

(7) 三只低压电流互感器二次绕组宜采用不接地形式(固定支架应接地),因低压电流互感器的一次、二次绕组的间隔对地绝缘强度要求不高,二次不接地可减少电能表受雷击放电的几率。

(8) 严禁在电流互感器二次绕组与电能表相连接的回路中有接头,必要时应采用电能表试验接线盒、电流型端子排等过渡连接。电流互感器二次回路严禁开路。

(9) 若低压电流互感器为穿芯式,应采用固定单一变比量程,防止发生互感器倍率差错。

(10) 采用合适的螺丝批拧紧端钮盒内的所有螺丝,确保导线与接线柱间的电气连接可靠。

(11) 电能表应牢固地安装在电能计量柜或计量箱体内。

2. 电能计量装置安装前的准备工作

装表接电人员接到装接工单后,应做以下准备工作。

(1) 核对工单所列的计量装置是否与用户的供电方式和申请容量相适应。如有疑问,应及时向有关部门提出。

(2) 凭工单到表库领用电能表、互感器,并核对所领用的电能表、互感器是否与工单一致。

(3) 检查电能表的校验封印、接线图、检定合格证、资产标记是否齐全,校验日期是否在 6 个月以内,外壳是否完好,圆盘是否卡住。

(4) 检查互感器的铭牌、极性标志是否完整、清晰,接线螺丝是否完好,检定合格证是否齐全。

（5）检查所需的材料及工具、仪表等是否配足、带齐。

（6）电能表在运输途中应注意防震、防摔，应放入专用防震箱内；在路面不平、震动较大时，应采取有效措施减小震动。

3. 三相四线电能表安装与接电步骤

1）人员组织

工作班共3人，其中工作负责人1名，工作班成员2人。

2）工作方式

停电安装电流互感器和电能表。

3）主要工器具

压接钳、万用表、500 V兆欧表、相序表、剥线钳、钢锯、登高工具、冲击钻、小榔头、套筒扳手、铝合金梯子及个人工器具。

4）工作程序

（1）办理装表接电工作票，按工作任务单要求到表库领取电流互感器和电能表，并正确运输到安装地点。

（2）检查安装场所是否符合安装技术要求。工作负责人向工作班成员交代现场实地状况和具体实施方案，并详细交代安全措施、技术措施和带电部位。

（3）按确定的装表接电方案按下列步骤安装计量装置。

① 选择、确定电能表及电流互感器的安装位置。

② 根据负荷需要选择一次导线截面，按所需长度锯断或剪断导线，并削剥导线线头，压接线鼻子。

③ 安装固定电流互感器。注意在同一方向安装，保证电流互感器二次桩头极性排列方向一致。

④ 进行二次回路敷设安装。

⑤ 悬挂有功电能表。

⑥ 正确使用二次导线连接电流互感器和有功电能表，并拧紧所有接线螺丝。

⑦ 工作负责人检查接线，确认接线正确。

（4）检查并清理工作现场，确认工作现场无遗留的工器具、材料等物品。

（5）进行送电前检查。

（6）拉开负荷侧总开关或隔离开关，搭通表前熔断器的熔体或隔离开关与断路器。

（7）搭接接户线电源（先搭中性线，后搭相线），或者送上配电变压器高压熔断器。

（8）进行带电试验检查（包括合上负荷开关，带负荷检查）。

（9）抄录电能表底度及电流互感器铭牌等相关数据，填写装表接电工作票各项内容，并要求用户签字认可。

（10）对电能表和电流互感器接线端子加装封铅封印，并进行封印封铅完整性登记，且要求用户签字认可。

（11）向表库清缴电能表，并将工作票传递至相关人员。

5）安全注意事项

（1）电能表中性线必须与电源中性线直接接通，严禁采用接地接金属屏外壳等方式接地。

（2）使用有绝缘柄的工具，并戴好绝缘手套和安全帽，必须穿长袖衣工作。

（3）登高作业时应戴好安全帽，系好安全带，防止高空坠落；使用梯子作业时，应有专人扶护，防止梯子滑动，造成人员伤害。

（4）临时接入的工作电源须用专用导线，并装设漏电保护器；电动工具外壳应接地。

（5）在多雷地区，应增装低压氧化锌避雷器或其他防雷保护。

（6）安装在绝缘板、木板上的电能表及开关等设备的金属外壳应可靠接地或接零。

4. 安装电能表的注意事项

1）电能表的安装场所应符合相关规定

（1）周围环境应干净明亮，不易受损、受震，无磁场及烟灰影响。

（2）无腐蚀性气体、易蒸发液体的侵蚀。

（3）运行安全可靠，抄表、读数、校验、检查、轮换方便。

（4）电能表原则上装于室外的走廊、过道内及公共的楼梯间，或装于专用配电间内（二楼及以下），以及专用计量屏内。

（5）装表点的气温应不超过电能表标准规定的工作温度范围。

2）电能表的一般安装规范

（1）高供低计的用户，计量点到变压器低压侧的电气距离不宜超过 20m。

（2）电能表的安装高度，对计量屏，应使电能表水平中心线距地面在 0.6～1.8m 的范围内；对安装于墙壁的计量箱，宜为 1.6～2.0m 的范围。

（3）装在计量屏（箱）内及电能表板上的开关、熔断器等设备应垂直安装，上端接电源，下端接负荷。相序应一致，从左侧起，排列相序为 U、V、W 或 u（v、w）、N。

（4）电能表的空间距离及表与表之间的距离均不小于 10cm。

（5）电能表安装必须牢固、垂直，每只表除挂表螺丝外至少还有一只定位螺丝，应使表中心线向各方向的倾斜度不大于 1°。

当装用或校验感应式电能表时，由于安装位置偏离中心线而倾斜一定角度时，将引起附加误差，其原因有以下两个。

① 由于圆盘对于电磁铁的相对位置发生变化，引起转动力矩改变。当电磁铁对于圆盘的相对位置两边不对称时，将产生一个附加力矩。其作用原理和低负荷补偿力矩相似。

② 由于转动体对上、下轴承的侧压力随着电能表的倾斜而增大，引起摩擦力矩增大，使得电能表出现负误差。

倾斜引起的表计误差在轻负荷时会大得多，对磁力轴承的电能表倾斜引起的误差更为严重。因此，感应式电能表安装时不能倾斜，以减少倾斜误差。

（6）对于安装在绝缘板上的三相电能表，若有接地端钮，应将其可靠接地或接零。

《交流有功和无功电能表》（JB/T 5467—1991）规定：对在正常条件下连接到对地电压超过 250V 的供电线路上，外壳是全部或部分用金属制成的电能表，应该提供一个保护端。因此，单相 220V 电能表一般不设接地端；三相电能表有的也未设接地端。但对设有接地端钮的三相电能表，应可靠接地或接零。

（7）在多雷地区，计量装置应装设防雷保护，如采用低压阀型避雷器。当低压配电线路受到雷击时，雷电波将由接户线引入屋内，危害极大。最简单的防雷方法是将接户线入户前的电杆绝缘瓷瓶铁脚接地，当线路受到雷击时，能对绝缘的瓷瓶铁脚放电，把雷电流泄掉，使设备和人员不受高电压的危害。在多雷地区，安装阀型避雷器或压敏电阻较为适宜。

（8）在装表接电时，必须严格按照接线盒内的图纸施工。对于无图纸的电能表，应先查明内部接线。现场检查可使用万用表测量各端钮之间的电阻值，一般电压线圈阻值在 kΩ 级，电流线圈的阻值近似为零。若在现场难以查明电能表的内部接线，应将表退回。

（9）在装表接线时，必须遵守以下接线原则：①三相电能表必须按正相序接线；②三相四线电能表必须接零线；③电能表的零线必须与电源零线直接联通，进出有序，不允许相互串联，不允许采用接地、接金属外壳等方式代替；④进表导线与电能表接线端钮应为同种金属导体。

（10）进表线导体裸露部分必须全部插入接线盒，并将端钮螺丝逐个拧紧。线小孔大时，应采取有效的补救措施。对于带电压连接片的电能表，安装时应检查其接触是否良好。

3）零散居民户和三相供电的经营性照明用户电能表的安装要求

（1）电能表一般安装在用户室内进门处。装表点应尽量靠近沿墙敷设的接户线，并便于抄表和巡视。对于电能表的安装高度，应使电能表的水平中心线距地面1.8～2.0m。

（2）电能表的安装，采用表板加专用电能表箱的方式。每一个用户在表板上安装三相四线电能表一块，封闭电能表的专用表箱一个，以及瓷插式熔断器、闸刀开关。

（3）专用电能表箱应由供电公司统一设计，其作用为：①保护电能表；②加强封闭性能，防止窃电；③防雨、防潮、防锈蚀、防阳光直射。

（4）电能表的电源侧应采用电缆（或护套线）从接户线的支持点直接引入表箱。电源侧不装设熔断器，也不应有破口、接头的地方。

（5）电能表的负荷侧，应在表箱外的表板上安装瓷插式熔断器和总开关。熔体的熔断电流宜为电能表额定最大电流的 1.5 倍左右。

（6）电能表及电能表箱均应分别加封，用户不得自行启封。

实训　动力配电盘的安装与调试

一、实训目的

（1）掌握动力配电盘的工作原理。

（2）学会配电盘线路的安装和布线。

（3）学会用万用表检测、分析和排除故障。

二、实训所需电气元件明细表（见表 6-1）

表 6-1　实训所需电气元件明细表

序号	名　称	型　号	数量/个	备　注
1	三相电度表		1	
2	空气开关		1	
3	电流表		1	
4	电压表		1	
5	三相异步电动机		1	

三、动力配电盘电气图

1. 三相电度表的接法

三相电度表的接法如图 6-1 所示。

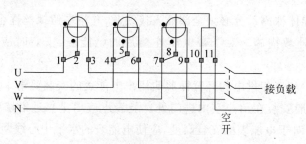

图 6-1　三相电度表接法

注：U、V、W 为三相电，N 为零线。接线柱 1 与 2、4 与 5、7 与 8 需要短接。

图 6-2 所示是三相电度表直接连接灯泡负载的简图。

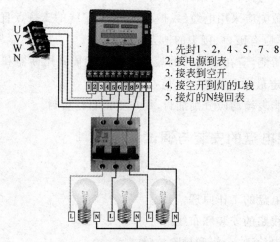

1. 先封1、2，4、5，7、8
2. 接电源到表
3. 接表到空开
4. 接空开到灯的L线
5. 接灯的N线回表

图 6-2　带白炽灯的三相电度表接法

2. 照明配电盘接线图

照明配电盘接线如图 6-3 所示,合上空气开关,观察电流表、电压表读数。电表必须与地面保持垂直,否则会影响电表的读数。观察电度表铝盘是否旋转。

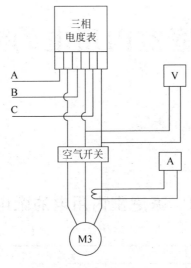

图 6-3 照明配电盘接线图

家庭室内用电的配电设计

7.1 家庭室内用电的配电设计任务单

任务名称	家庭室内用电的配电设计		
任务内容	要　　求	学生完成情况	自我评价
低压配电装置的选择	利用电路基本理论并结合实际,选择低压配电装置		
室内配线的选择	会根据室内电气负荷大小选用配电线		
家庭用电额度的计算	掌握并应用电额度计算方法		
家庭配电方案设计	看懂配电方案设计说明		
总结			
考核成绩			
教学评价			
教师的理论教学能力	教师的实践教学能力	教师的教学态度	
对本任务教学的建议及意见			

7.2 家庭室内用电的配电设计内容

7.2.1 家用电气标准

家庭装潢中涉及的主要材料有绝缘导线、开关和插座等。不同厂家产品的质量有差异,用户若不知道国家标准的内容,就无法检查。对于安装质量监理人员来说,更应掌握新国标的有关内容。

用户在选购电气产品时往往只考虑价格,这是不明智的做法。价格贵的产品不一定可靠。如何选购电气产品,是家庭电气装配中必须认真考虑的问题。

由于装修施工队伍素质不一,安装质量差异极大。如果是无施工资格的人员,其技术素质往往不尽如人意。如何在施工中检查其施工质量,及早发现质量问题,是用户关心的大事。

家庭装潢的设计、选材、安装、验收是一项专业性很强的工作。按照工作顺序,上海市标准 DBJ 08—20—1998《住宅建筑设计标准》简述如下。

(1) 每套住宅进户处必须设嵌墙式住户配电箱。住户配电箱设置电源总开关,该开关能同时切断相线和中性线,且有断开标志。每套住宅应设电度表,电度表箱应分层集中嵌墙暗装在公共部位。住户配电箱内的电源总开关应采用两极开关,总开关容量选择不能太大,也不能太小;要避免出现与分开关同时跳闸的现象。电度表箱通常分层集中安装在公共通道,这是为了便于抄表和管理。嵌墙安装是为了不占据公共通道,目前上海正在个别居民小区试行自动抄表法。

(2) 小套(使用面积不低于 38m²)用电负荷设计功率为 4kW,中套(使用面积不低于 49m²)用电负荷设计功率为 4.6kW;大套(使用面积不低于 59m²)用电负荷设计功率为 6～8kW。

例如,上海在 1994 年以前每户的用电负荷在 1kW 左右,因此采用 5A 的电度表就可以了。随着居民生活水平提高,电饭锅、微波炉、空调器、电水壶、电熨斗进入普通家庭,每户的用电负荷增长很快,1kW 的用电负荷是不够的,于是 DBJ 08—20—1994 规定每户用电负荷设计功率为 4kW,电度表选用 5(20)A。居民收入增加和家用电器降价,使一户两台空调、两台彩电和电脑进入家庭不是新鲜事,促使每户用电负荷再次猛增,因此 DBJ 08—20—1998 把每户的用电负荷设计功率由 4kW 增加到 4～8kW。即高标准中每套按 6kW 设计,高标准的商品房和 130m² 以上住宅按 8kW 设计,电度表全部采用 10(40)A 单相电度表。

(3) 电气插座宜选用防护型,其配置不应少于以下规定。

① 单人卧室设单相两极和单相三极组合插座两只,单相三极空调插座一只。

② 起居室、双人卧室和主卧室设单相两极和单相三极组合插座三只,单相三极空调插座一只。

③ 厨房设单相两极和单相三极组合插座及单相三极带开关插座各一只,并在排油烟器高度处设单相三极插座一只。

④ 卫生间设单相两极和单相三极组合插座一只。有洗衣机的卫生间,应增加单相三极带开关插座一只。卫生间插座应采用防溅式。

上述规定是最小值,几乎每个家庭都感到插座不够,要用临时线加接插座板作为补充。一块插座板上接三四个用电设备是常见现象,如果这些用电设备都是小容量,例如家用电脑要用到四五个插座,这是允许的。如果插座板同时接电水壶、电热取暖器等大容量电器,是不允许的,因为导线会过载发热。

发达国家不允许临时线长期使用,同时规定要有足够的插座数量。因为临时线在使用中易受损,会导致人身电击和电气火灾事故。对于插座数量,美国国家电气法规(NEC)规定:两个插座点间的距离不得超过 12 英尺(约 3.66m),即一个家用电器如不能自左侧接插座,定能自右侧接插座。香港的卧室、起居室和厨房的插座分别为四、七和四个。

(4) 插座回路必须加漏电保护装置。电气插座所接的负荷基本上都是人手可触及的移动电器(吸尘器、打蜡机、落地或台式风扇)或固定电器(电冰箱、微波炉、电加热淋浴器和洗衣机等)。当这些电器设备的导线受损(尤其是移动电器的导线),或人手可触及电器设备的带电外壳时,就有电击危险。为此,DBJ 08—20—1998 规定:除挂壁式空调电源插座外,其他电源插座均应设置漏电保护装置。

(5) 阳台应设人工照明。阳台装置照明,可改善环境,方便使用。尤其是在封闭式阳台设置照明,十分必要。阳台照明线宜穿管暗敷。若造房时未预埋,应用护套线明敷。

(6) 住宅公用部位必须设置人工照明,除高层住宅的电梯厅和应急照明外,其余应采用节能开关。电源应接至公共电度表。

根据消防规范,高层住宅的电梯厅和应急照明是不能关的,因此不能用节能开关。

(7) 住宅应设有线电视系统,其设备和线路应满足有线电视网的要求。小套每户应设电视系统双孔终端盒一只,中套、大套每户应设不少于两只的电视系统双孔终端盒,终端盒边应有电源插座。

在装修施工时,不管该地区有线电视是否到位,都应暗设电视终端盒。

(8) 住宅电话通信管线必须到户,每户电话进线不应少于两对。小套电话插座不应少于两只,中套、大套电话插座不应少于三只。

随着家用电脑的普及,每户一对电话线已不能满足需要,因此规定每户电话进线不应少于两对,其中一对应通到电脑桌旁,满足上网需要。

(9) 电源、电话、电视线路应采用阻燃型塑料管暗敷。

电话和电视等弱电线路也可采用钢管保护,电源线采用阻燃型塑料管保护。

(10) 电气线路应采用符合安全和防火要求的敷设方式配线,应采用铜导线。

家庭装潢中,线路转为穿管暗敷,既符合安全规定,又达到防火要求。

(11) 由电度表箱引至住户配电箱的铜导线截面不应小于 $10mm^2$,住户配电箱的配电分支回路的铜导线截面不应小于 $2.5mm^2$。

住宅电气设计必须着眼于未来的发展,要适应 21 世纪的用电水平。电气线路容量(配电回路数、导线截面、插座数量、开关容量等)的设计应留有裕量。一般新建住宅的设计寿命为 50 年,因此电气设计至少要考虑到未来二三十年负荷增长的需要。住宅楼电气线路设计绝大多数采取暗管,如果考虑造价,电源线的线径不增加裕量,那么敷设的暗管至少要加大 1～2 挡管径；对室内的分支线路，如何考虑未来的增长需要呢？使用嵌墙安装的线槽，这种线槽如果和室内的护墙板配合，既可作为保护墙面的装饰，又可在此线槽内任意增加分支回路及在线槽上任意设置终端电器，例如插座。

导线线径加大和分支回路增加，不仅仅是考虑未来发展的需要，更重要的是提高了住宅电气安全水平，避免了许多电气火灾和其他电气事故。国际铜业协会北京代表处经过咨询中外专家，在一定调查研究的基础上，对我国住宅建设中电气线路设计容量提出了宝贵意见：配电回路不能过少。如果配电回路少，每个回路的负荷电流增加，会导致线路发热加剧，电压质量变差，影响家用电器的性能和寿命。导线的使用寿命与工作温度成一定的反比关系，例如，允许工作温度为 70℃ 的塑料导线，其工作温度每超过 8℃，绝缘使用寿命将减少一半左右，绝缘老化将导致导线寿命缩短，短路和火灾增多。

对于住户进线的线径，香港规定为 $16mm^2$，日本规定为 $14mm^2$，美国规定为 $25～50mm^2$。上述数据供电气装潢设计参考。

(12) 接地。

上海住宅供电系统规定采用 IT 系统，供电局三相四线进户，每幢建筑物单独设置专用接地线（PE 线）。在每幢建筑物的进户处设置一组接地极，其接地电阻不得大于 $4k\Omega$。

防雷接地和电气系统的保护接地是分开设置的。防雷接地电阻不得大于 $10k\Omega$。

在上海地区，对于成品房（简单装潢），买方可根据上述内容对照验收。若是购买毛坯房，房产商只负责公用部位的电气安装及到住户配电箱的线路敷设，使电源进入室内，室内只安装供装潢照明用的一只灯和一只插座。对于现浇楼板，房产商应做好线路配管的预埋工作及穿线工作。

上述电气设备标准仅适用于上海地区，其他地区应遵照当地的相关规定。

由于每户家庭中的家具布置、电气设备配置程度各有不同，因此对简单装潢的成品房插座和照明灯具的配置必须适当变动及增加，对毛坯房更要有专业人员进行设计和施工，且必须由专业质量人员对装潢工程进行验收。验收合格后应签名，承担一定的法律责任。

7.2.2　电气产品的选用

1. 隔离电器

家庭或类似场所使用的配电箱，属非熟练人员使用的组合电器，因此主开关应采用具有明显隔离断口或者明显隔离指示的隔离电器。当发生电气故障时，只要分断隔离电器，用户端就与电源切断。此时，即使是非熟练人员，也可以安全地修理电气设备。

2. 漏电断路器

为了保证家庭用电安全，对人手很容易触及的家用电器的电源应具有漏电保护功能。通常，固定的照明器具因人手不能触及不到，其电源回路可不加漏电保护；插座回路除挂壁式空调插座外，都应带有漏电保护。漏电断路器（俗称漏电开关）有电磁式和电子式两种，目前市场供应的漏电断路器绝大多数是电子式的。

DZL18、DZL33、DLK 这三种电子式漏电断路器除具有人身电击保护作用之外，还具有过压保护的作用，但不具备过载保护作用。因此，选用这种漏电断路器时，必须串联熔断器。

熔断器通常串联在总开关的前面。例如采用电磁式漏电断路器时,熔断器串联在电度表和电磁式漏电断路器之间。但采用电子式漏电断路器时,熔断器应该串联在漏电断路器之后,因为电子式漏电断路器需要辅助电源才能工作,如果把熔丝串联在电子式漏电断路器之前,一旦发生过载或短路,相线熔丝未断而零线熔丝熔断时,漏电断路器不会跳闸。此时,在负载端,人若触及相线,就会遭到电击;但电子式漏电断路器不会跳闸,这是因为漏电断路器的辅助电源由于 N 线断开而无法工作。

如果熔丝装在电子式漏电断路器的后面,即使熔丝熔断,辅助电源也不会中断,仍能起到防止电击的保护作用。

DZL30 系列漏电断路器是小型塑壳模数化断路器,它不仅具有电击保护功能,还具有过载和短路保护作用。采用这种漏电断路器时,不必装总熔丝。DZL30-32 的额定电流有 6A、10A、16A、20A、25A、32A 六种。住户配电箱内一般根据漏电断路器控制的回路数和负载电流选用 16～32A。

DZL18、DZL33、DLK 安装时用制造厂提供的木螺钉固定在配电板上。DZL30 是用专用导轨把它固定在照明开关箱内。

3．分路开关和分路熔丝

分路采用开关,此开关应具有过载、短路保护功能,此时分路不必装熔丝。分路开关可采用 DZ30F1-32 等双极塑壳断路器,额定电流有 6A、10A、16A、20A、25A、32A 六种。家庭用作分路开关时,宜用 6A 断路器。住户配电箱应采用双极的熔断式隔离器。

4．绝缘导线

家庭装潢中,明敷绝缘导线用硬质塑料护套线;穿管暗敷导线用硬质或软塑零线;灯头线用塑料软绞线。用户可从截面大小、绝缘层均匀度两方面检查绝缘导线的质量。

在国内,家庭用电绝大多数为单相进户,进每个家庭的线为三根:相线、个性线和接地线。对于导线颜色,相线为黄(或红、绿),中性线为淡蓝,接地线为绿/黄双色线。这三根线进住户配电箱后,其出线的颜色在家庭装潢中应根据标准选用。由住户配电箱引出的接地线必须采用绿/黄双色线。中性线的颜色必须采用淡蓝色,相线和进线颜色可一致,也可选用几种色线,以区别不同的输出回路。例如,进线为黄线,出线有四个回路,可全部用黄色导线,也可用黄、绿、红三种颜色的导线,以便在检查线路时迅速查出故障线路。

5．电线保护管

电线不准直接敷设在墙内,必须用电线保护管加以保护。GB 50096—1999《住宅设计规范》未对电线保护管的种类提出要求。GB 50258—1996《电气装置安装工程 1kV 及以下配线工程施工及验收规范》有如下规定:潮湿场所和直接埋于地下的电线保护管,应采用厚壁钢管或防液型可挠金属电线保护管;干燥场所的电线保护管宜用薄壁钢管或可挠金属电线保护管;塑料管不应敷设在高温和易受机械损伤的场所,保护电线用的塑料管及其配件必须有阻燃标记和制造厂标;金属软管应敷设在不易受机械损伤的干燥场所,且不应直接埋于地下或混凝土中。DBJ 08—20—1998《住宅建筑设计标准》规定:电源、电话、电视线路应采用阻燃型塑料管暗敷。

家庭装潢时,对电线保护管做如下有效检查:①检查塑料管外壁是否有生产厂标记和阻燃标记。无上述两种标记的保护管不能采用。②用火使塑料管燃烧；塑料管撤离火源后，在 30s 内自熄的为阻燃测试合格。③弯曲时，管内应穿入专用弹簧。试验时，把管子弯成 90°，弯曲半径为 3 倍管径。弯曲后，外观应光滑。④用奶子榔头敲击至保护管变形，无裂缝的为冲击测试合格。

家庭装潢中除了采用阻燃型塑料管暗敷保护电线外，也可用金属电线保护管。如有的住宅楼电源线采用阻燃塑料管保护，而电话、有线电视采用镀锌金属薄壁管（可起屏蔽作用）。电话和有线电视传输线的金属保护管不必设置跨接线，因丝口连接或套筒连接的镀锌管已能达到屏蔽要求。

钢管不应有折扁和裂缝，管内应无毛刺，钢管外径及壁厚应符合相关的国家标准。若钢管绞丝时出现烂牙，或钢管出现脆断现象，表明钢管质量不符合要求。

吊顶内接线盒至灯具的导线应用软管保护。软管有塑料软管、金属软管、包塑金属软管和普利卡软管之分。家庭装潢中一般采用塑料软管或包塑金属软管。若采用不包塑金属软管，软管要接地。普利卡管既具有金属管的强度，又具有软管的可挠性，因此在高级住宅中采用，但价格较高。

6. 防雷器

当雷电击到或感应到低压架空线上时，其产生的高脉冲电压沿架空线进入室内，将损坏与电源线路相连的电气设备，因此家庭装防雷器（又称浪涌电压保护器，简称 SPD）是很有必要的。

防雷器是一种低压电源的保护设备，它能在最短时间内释放线路上因雷击而产生的大量脉冲能量，通过接地线传到大地中去。它装在住户配电箱内，一端与相线或 N 线相连，另一端与接地线相连。在正常情况下，防雷器处于高阻状态。当住户电源进线由于雷击或开关操作出现瞬时脉冲过电压时，防雷器立即在纳秒级时间内迅速短路导通，将该脉冲电压泄放到大地中去，从而保护家用电气设备。当该脉冲电压流过防雷器后，防雷器又变成高阻状态，不影响家庭供电。

7. 等电位联结

住户在卫生间洗澡时，人体皮肤因潮湿而阻抗下降，这时若有沿金属管道传来的较低电压，亦可引起电击伤害事故。因此，对卫生间做等电位联结是大有必要的。

GB 50096—1999《住宅设计规范》第 6.5.2 条规定：卫生间宜做局部等电位联结。目前在建的宾馆和高级住宅楼中，卫生间必须做等电位联结，对于普通住宅的卫生间，若有洗澡设备，亦应做花费不多的等电位联结。

8. 其他电气产品

照明开关和插座也要按标准选用。

7.2.3　电气设计原则和设计符号及代号

1. 电气设计原则

家庭电气设计是在装潢设计（这里指家具、电气设备的布局以及房顶的设计）完成后进行的。由于每个家庭的装潢设计各有千秋，家用电器的配置不尽相同，因此，这里介绍一些电气设计原则供参考。

（1）照明、插座回路分开，其好处是：如果插座回路的电气设备发生故障，仅此回路的电源中断，不会影响照明回路的工作，便于对故障回路进行检修；反之，若照明回路出现短路故障，可利用插座回路的电源，接上台灯，进行检修。

（2）照明应分成几个回路，这样，一旦某一回路的照明灯出现短路故障，也不会影响其他回路的照明，不会使整个家庭处于黑暗中。

（3）对空调、电热水器等大容量电气设备，宜一个设备设置一个回路；如果合用一个回路，当它们同时使用时，导线易发热，即使不超过导线允许的工作温度，也会降低导线绝缘的寿命。此外，加大导线的截面可大大降低电能在导线上的损耗。

（4）插座及浴室灯具回路必须采取接地保护措施。浴室插座除采用隔离变压器供电（如电须刀插座）的可以不要接地外，其他插座必须用三极插座。浴室灯具的金属外壳必须接地。

（5）接地措施。

① 不能用自来水管作为接地线。新建住宅楼都配置了可靠的接地线，老式住宅往往无接地线，不少老式住宅用户就以自来水管作为接地线。这是不正确的做法。曾有因触及带电的自来水龙头而被电击身亡的事故报道。

② 浴室如采用等电位联结，更安全。浴室是潮湿环境，人即使触及 50V 以下的安全电压，也有遭电击的可能。所谓等电位联结，就是把浴室内的所有金属物体（包括金属毛巾架、铸铁浴缸、自来水管等）用接地线连成一体，且可靠接地。

③ 接地制式应和电源系统相符。电气设计前，必须先了解用户电源来自何处，以及该电源的接地制式。接地保护措施应与电源系统一致。

④ 每个回路应设置单独的接地线。有些人认为，接地线中的电流很小，几个回路合用一根接地线可节约装潢费用。这是错误的。因为在正常工作时，接地线中的电流的确很小，但在发生短路故障时，接地线中流过的电流大大超过相线正常工作时的电流。其次，从可靠性角度考虑，一个回路一根接地线更可靠。

⑤ 有了漏电保护，也应有接地保护。任何一种电气产品，都有出现故障的可能，漏电开关也有出现故障的可能。有了接地保护，当漏电开关出现故障时，接地保护仍能起到保护作用。但漏电开关的输出中性线不准碰地，否则，漏电开关无法合闸。

⑥ 有了良好的接地装置，每户仍应配置漏电开关。当发生电气设备外壳带电时，接地装置的接地电阻再小，在故障未解除前，设备外壳对地电位是存在的，有电击可能。若采用漏电开关，只要漏电电流大于 30mA，在 0.1s 时间内就可使电源断开。插座所接的电气设备，人体随时有接触的可能，因此，插座要有漏电保护。挂壁式空调因人手难以碰到，可不带漏电保护。

（6）每户用电容量要和设计能力相符，不要盲目装接大功率电气设备。为此，每户居民在电气装潢前，应初步估计室内负荷总容量，避免超过该户的设计负荷。具体数字可向当地物业管理部门咨询。

（7）电气安全设计是重点。每个家庭中的家用电气设备总有好几件，天天要接触。家中既有不懂事的小孩，也有略懂电气知识而不懂电气安全知识的大人，会玩弄电气设备。为了确保用电安全,电气安全设计必须作为重点。对小孩能触及的插座,应选择带保护板的插座,避免小孩把金属物体塞进插座,造成电击。

（8）不要选用"三无"产品。因使用劣质的电加热器淋浴而发生电击死亡的事故,报纸刊载已有多起。因此,家庭装潢中不要选用"三无"产品,尤其是插座。"三无"产品充斥市场,应注意鉴别。

2．家庭电气装潢设计中常用的图形符号和文字代号

（1）线路敷设方式代号。

PVC—用阻燃塑料管敷设；DGL—用电工钢管敷设；VXG—用塑制线槽敷设；GXG—用金属线槽敷设；KRG—用可挠型塑制管敷设。

（2）线路明敷部位代号。

LM—沿屋架或屋架下弦敷设；ZM—沿柱敷设；QM—沿墙敷设；PL—沿天棚敷设。

（3）线路暗敷部位代号。

LA—暗设在梁内；ZA—暗设在柱内；QA—暗设在墙内；PA—暗设在屋面内或顶棚内；DA—暗设在地面或地板内；PNA—暗设在不能进入的吊顶内。

（4）照明灯具安装方式代号。

D—吸顶式；L—链吊式；G—管吊式；B—壁装式；R—嵌入式；BR—墙壁内安装。

7.2.4　配管施工

1．配管走向

家庭电气装潢设计时,有条件的可在建筑图基础上出装潢效果图,使用户对未来完成的装潢有更直观的认识。当与用户达成一致意见后,设计人员根据建筑图和装潢效果图设计电气图。设计电气图时,不能随意改变建筑结构,要充分利用原有的配管和配线。

2．预埋验收

电气施工前,首先要检查原有的配管和配线,即使是毛坯房,在土建施工时,也预埋了电线保护管,有的穿了导线。需要检查的项目有:开关盒、插座接线盒的位置是否符合装潢设计的要求；配管是否畅通；管内导线的规格和绝缘是否符合要求等。如果原来预埋的插座接线盒不符合要求,要给予调整。原有配管若未穿导线,应用吸尘器把管内的垃圾吸干净,然后穿入铅丝,铅丝的中间扎一个小于管径的纱团,让纱团在管内抽动。一方面检查管子是否畅通；另一方面清除管内附在管壁上的垃圾。如果管子不畅通,又无法修复,则原有的管子不能利用。

对已穿入管内的导线,要复测绝缘电阻。如果是金属管,除了测量导线与导线之间的绝缘电阻外,还要测每根导线与管子的绝缘电阻；如果是塑料管,只要测量导线与导线之间的绝缘电阻。绝缘电阻在 $0.5M\Omega$ 以上才合格。若绝缘不合格,此导线不能用,需要调换。

3．管径选择

电线保护管的管径选择是根据管内导线包括绝缘层在内的总截面积不应大于管子内空截面积的 40% 而决定的。

虽然各厂对同一规格 PVC 管的产品编号不同,但其外径和壁厚基本相同。

4. 敷设

《住宅建筑设计标准》(BJ 08—20—1998)中规定:电源、电话、电视线路应采用阻燃型塑料管暗敷。因此在家庭装潢中,把导线直接敷设在墙内是不允许的。

大多数家庭在客厅或卧室内有护墙板,塑料护套线能否直接敷设在护墙板内?从安全角度考虑,也是不允许的。因为家庭装潢用的护墙板通常未涂防火涂料,直接敷设在护墙板内的导线一旦因故障发热,引起燃烧,护墙板本身就是易燃物,会使火灾扩大。因此,导线敷设在护墙板内也应有电线保护管保护。

家庭装潢中,导线可明敷,也可暗敷。从美观角度考虑,绝大多数家庭采取暗敷。用阻燃型塑料管作为电线保护管是家庭装潢中推荐的方法。阻燃型塑料管可暗敷,也可在吊顶内明敷。

电线保护管通常暗敷在砖墙内或地板下。剪力墙、承重梁和混凝土柱头只能在土建施工时预埋保护管,不可在剪力墙、承重梁或混凝土柱头土建完成后剔槽暗敷,更不允许割断剪力墙、承重梁或混凝土柱头内的钢筋。暗管遇到剪力墙或混凝土柱头,应改道避开。

家庭装潢时,由于家具格局布置不同,仅靠土建施工时预埋的保护管是不够的,还需在墙内剔槽埋管,或在木地板下埋管。

电线保护管如在吊顶内敷设,施工十分方便,因此应该尽量在吊顶内敷设。家庭装潢中,通常只有卫生间和厨房有吊顶,此时应充分利用吊顶配管。对与卫生间或厨房间相邻的房间,也可利用它们的吊顶,让电线保护管穿越吊顶进入房间,再从墙内引下。

剔槽暗敷时要注意如下事项。

(1) 槽不要剔得过深、过宽,剔槽时不要用力过猛,以免影响墙体的强度。槽的深度只要达到电线保护管与墙砖面齐平即可。GB 50258—1996《电气装置安装工程 1kV 及以下配线工程施工及验收规范》第 2.1.2 条规定:埋入建筑物、构筑物内的电线保护管,与建筑物、构筑物表面的距离不应小于 15mm,砖墙上的粉层土建规定不小于 15mm,因此保护管只要与砖面齐平即可。

(2) 家庭装潢时,砖墙上通常已有水泥砂浆抹面,剔槽时仍需将电线保护管埋入砖内。采用 PVC 管,管子埋入后应用强度不小于 M10 的水泥砂浆抹面保护,其目的是防止在墙面上钉入铁钉等物件时,损坏墙内的电线保护管。在砖墙内敷设管子时,注意不要过分损伤墙的强度,尤其是三孔砖。

(3) 电气设计的配管图仅是示意图,一般不标明具体走向,仅说明是明管还是暗管。例如墙上的插座配管,可从住户配电箱配出后,沿墙到地板下,再从墙内到插座;也可从住户配电箱配出后,沿墙到插座。暗管敷设时,宜沿最近的路线敷设,并应尽量减少弯曲。

5. 尼龙胀管的施工

家庭装潢中,照明灯具、配管支架和电源线保护管的固定,只需要用尼龙胀管,没有必要用金属膨胀螺栓。两只施工正确的尼龙胀管可承受一个人的重量。常用的尼龙胀管有两种:直径 6mm、长度 30mm 和直径 8mm、长度 45mm。

尼龙胀管的施工顺序如下所述。

(1) 划线定位：为了使被固定的对象位置正确，必须根据被固定对象固定孔的位置，划线定位，要做到横平竖直，应注意孔中心离墙、柱的边缘不小于 40mm。

(2) 钻孔：钻头应和钻孔面保持垂直，且要一次完成，以防孔径被扩大。选用钻头时，应根据墙、柱材料和使用的尼龙胀管规格决定钻孔直径。

(3) 排除孔内灰道：敲入胀管钻孔后，应将孔内灰渣清除，保持钻孔深度正确。

(4) 旋入木螺钉：木螺钉的规格和长度必须选用正确。木螺钉过细、过短，固定不牢靠；木螺钉过粗、过长，木螺钉难以旋入。

6. PVC 塑料管的施工

(1) 弯曲可采取冷弯法，将管子弯成所需的角度。弯管前，管内应穿入弯管弹簧。弯管弹簧有四种规格：16mm、20mm、25mm、32mm，分别适合相应的塑料管弯管用。弯管弹簧内穿入一根绳子，绳子与弹簧两端的圆环打结连接后留有一定的长度，用绳子牵动弹簧，使其在塑料管内移动到需要弯曲的位置。弯曲时，用膝盖顶住塑料管需弯曲处，用双手握住塑料管的两端，慢慢使其弯曲。如果速度过快，易损坏管子及其塑料管内的弹簧。弯曲后，一边拉拴住弹簧的露在管子外的绳子，一边按逆时针方向转动塑料管，将弹簧拉出。注意，弹簧出现松股后不能使用，否则在塑料管的弯曲处会出现折皱。

(2) 切割宜用专用剪刀，亦可用钢锯锯断。PVC 管生产厂提供的剪刀可以切割 16～40mm 的圆管。用剪刀切割管子时，先打开手柄，把管子放入刀口，然后握紧手柄，棘轮锁住刀口；松开手柄后再握紧，直到管子被切断。用专用剪刀切割管子，管口光滑。若用钢锯切割，管口处应光洁处理后再进行下一道工序。

(3) 连接塑料管如采用插入法，结合面应涂专用胶合剂。即使是暗敷的管子，连接处也不能遗漏涂胶。涂抹黏结剂时，结合面应保持干燥，套管的内表面和管子的外表面都应涂抹黏结剂。涂抹后立即扭动插入，至少放置 15s 后方能继续施工。

(4) 明配管的固定：吊顶内的明配管可用鞍形管夹或管码固定在支架上，也可直接固定在建筑物墙壁或梁柱上。

7. PVC 线槽的施工

老式住宅的布线常常采用木槽板布线，材料不阻燃，因此逐渐被淘汰。现在，在医院病房、办公楼和机房内开始采用线槽明装布线的方式。国外的家庭装潢中也开始采取此方法，把线槽固定在护墙板的上端。采取线槽明敷的布线方法，具有如下优点：无需在墙上剔槽抹灰，可反复拆装；增加线路或容量十分方便；增加插座或开关极为方便。

7.2.5　配线

1. 导线截面的选取

家庭装潢中，导线截面的选取十分重要。GB 50096—1999《住宅设计规范》明确规定：每套住宅进户线截面不应小于 $10mm^2$，分支回路截面不应小于 $2.5mm^2$。GB 50054—1995《低压配电设计规范》第 2.2.8 条规定：采用单芯导线作 PEN 线干线，为铜材时，截面不应小于 $10mm^2$；为铝材时，不应小于 $16mm^2$；采用多芯电缆的芯线时，不应小于 $4mm^2$。

同样,在家庭装潢中,相线截面应与 N 线相同。需要注意的是,不能两个回路合用一根 N 线。例如某装潢工程,从住户配电箱分出五个分支回路,其中两个回路合用一根 N 线,这相当于 N 线截面为相线截面的 1/2,是不允许的。

2. 导线颜色的规定

家庭装潢工程中,导线颜色的选择易被忽视。为贪图方便,往往有人把不符合颜色规定的用剩的导线用在工程中。例如,用原作为相线的红色导线用作接地线等,这是不允许的。

规定导线颜色的目的,除了在安装施工时便于识别外,还为今后维护提供方便,减少误判引起的事故。

有关国家标准已明确规定:相线(L)为黄、绿、红三色;中性线(N)为淡黄色;保护线(PE)为绿/黄双色。如果某住户为三相供电,该住户开关箱引出的相线必须与进线同色。

三相插座的三根相线用同一种颜色线,这也是不允许的。因为碰到插座缺相时,难以判断是缺哪一相。在三相供电系统中,单相插座的相线同样应与电源进线颜色相同。

对于固定式三相设备的电源线,其色标要求和电源一致。有些工程在电源未接通前,设备的电源线已接好,当试运转时,发现相序不对,设备端的相线已无法调整,于是就在电源端调整,造成相线颜色和配电线路相线颜色不一致,此时只能采取包色带的消极办法。

为了避免上述情况,应在电源接通后先临时接通设备,相序正确后,先切断设备的电源线,再接好线,并正式接通设备。携带式三相设备的电源线允许和配电线路的色标不一致。在房屋装潢施工时,三相插座的相序必须按设计要求施工。如果设计未提出要求,同一工程中的相序应一致。

如果住户是单相供电,为便于判断故障,建议住户开关箱的出线采用黄、绿、红三色。例如进线为黄色,如果其分路出线全部采用黄色,虽然在配电箱处各回路都有编号,但灯具及插座处导线是不编号的。当某灯发生相线故障时,必须根据竣工图查到编号,才能知道是哪一分路的故障。若分路出线采用不同相色的导线,即用黄、绿、红三种颜色的相线,查线工作量可减少三分之一。

外销高级住宅每户采取三相进户的逐渐增多。此时单相用电设备的相线必须与进线同色,且按设计要求接到相应的进线上。若住宅为单相进户,其分路可用不同的相色线,但同一工程中力求统一。例如,空调回路用红色,照明回路用黄色,其他用电设备用绿色等。这样,一旦线路发生故障,物业管理人员可迅速查到故障点。

单联照明开关的进出线应用同色相线,无需区分进线还是出线。多联照明开关的进出线为便于区分,可用两种颜色的相线,即进线用一种,出线用另一种。例如,三联开关的一根进线是红色时,三根出线用绿色。

另外,把不同相色的线压接在一起是不允许的。

3. 线路绝缘测量

线路绝缘测量是确保线路正常和安全的关键工作。线路绝缘若出现不良情况,轻则电气设备不能正常工作,重则短路跳闸,甚至引起电气火灾。

为了保证线路绝缘良好,必须选用绝缘性能优良的导线。选择生产厂时,不能光考虑价格,首先要保证导线质量。

通常在工程中查到的导线主要存在如下问题:单股导线的线径不符合标准,或多股导线缺股;绝缘层有明显厚薄或偏心;绝缘层内导线有接头;长度短缺。

除了选用绝缘性能优良的导线外,施工时还要避免损坏导线绝缘层。例如,管内不准有垃圾;管口要光滑;穿线时,管口要先套护圈;导线不能扭绞等。

为了正确判断施工后线路绝缘是否仍然良好,绝缘测试工作必须认真进行,不能遗漏一根导线,正确记录测试数据后妥善保存。

测量线路绝缘用的兆欧表属强制性检定的仪表,必须检定合格,且在检定有效周期内使用。

对照明线路的绝缘测试工作要分两步进行:第一步是在导线敷设后(例如,管内穿线完成后)进行;第二步是在灯具、开关及插座接线完成而灯泡尚未装入时进行。

1) 导线敷设后的绝缘测试

对穿管敷设及线槽敷设等线路,因为导线并在一起,必须逐根测试,不能遗漏。导线在金属管内或金属线槽内敷设时,除了要测量线与线之间的绝缘外,还必须测量线与金属管或金属线槽间的绝缘。导线在塑料管或塑料线槽内敷设时,只需测量线间绝缘。

绝缘测量时,选用 500V 兆欧表,精确度选用 0.1 级。

绝缘测量前,对所用兆欧表应进行开路及短路试验,以判别该仪表工作是否正常。开路试验时,测试端子不接导线,摇动手柄至规定速度,测值应为无穷大;短路试验时,两个测试端子用导线短接,慢慢摇动手柄,测值应为"0"。

线间绝缘或线与地之间的绝缘必须在 $0.5\text{M}\Omega$ 以上。

2) 接线后的绝缘测试

线路敷设后,绝缘测试合格,并不能保证接线后绝缘仍旧合格,因为在接线过程中存在使导线绝缘下降甚至短路的可能。

灯具接线时,如果相线绝缘层受损,且与灯具金属外壳相碰,将造成 L 与 PE 短路。如果 N 线绝缘受损,且与灯具金属外壳相碰,将造成 N、PE 短路。插座接线安装时也会造成导线绝缘损坏短路等情况。最常见的是:插座面板固定时,若面板螺钉过长,螺钉端部又正好顶在导线上,将损坏导线绝缘;如果插座盒是金属的,会使导线与地间发生短路;导线并头后,接头绝缘未处理好,例如用黑包布直接包缠接头,又用金属接线盒时,会造成导线与地之间绝缘不良。除了上述情况,还有其他可能使导线绝缘下降甚至短路,例如管线受到外力破坏后造成导线短路。这些情况在安装过程中都出现过。为了确保线路绝缘,接线后必须进行绝缘测试。

接线后的绝缘测试在总开关箱或分开关箱内进行。例如,检查照明线路,切断电源,解开进照明开关箱的 N 线,用兆欧表测量下述参数。

(1) L 线与 PE 线间的绝缘电阻。GB 50150—1991《电气装置安装工程电气设备交接试验标准》第 23.0.1 条规定:1kV 及以下馈电线路的绝缘电阻值不应小于 $0.5\text{M}\Omega$。这是指单根导线。当同一相的相线多路输出时,如果绝缘电阻小于 $0.5\text{M}\Omega$,将无法判别是哪一路导线对地绝缘不良。此时应把相线逐根解开,单独测量。

应注意的是,测量时如果开关处于打开位置,开关至灯具一段导线(俗称开关线)对地绝缘未测量。为测量这一段导线的绝缘情况,把所有灯具的开关全部扳到闭合状态,此时的测量结果为相线和中性线对地的绝缘。

(2)N线对凹线间的绝缘电阻。测量前必须解开来自电源的总N线,然后测量负载端的N线与凹线之间的绝缘电阻,其值应在0.5MΩ以上。如果测量结果小于0.5MΩ,首先应把N线逐根从N排上解下,然后单独测量每根N线与PE线之间的绝缘电阻。

4. 导线并头

截面为4mm² 及以下的导线并头,可采取搪锡后包缠绝缘带、瓷接头连接和压接三种方法。工程实践证明:搪锡后包缠绝缘带不受操作工人的欢迎,质量也得不到保证,其原因是搪锡麻烦且易发生事故。搪锡后,接头必须用绝缘带包缠。包缠前,必须把接头部位的焊剂揩干净,否则易产生铜绿。绝缘带可用PVC粘胶带,但此带易老化,黏性与季节、出厂时间长短有关。工程中禁止用黑包布直接包缠。若用黑色布,应先包无黏性的黄蜡带或塑料带,再包黑包布,因此操作费时费力,亦容易出质量问题。瓷接头仅局限于电源线与灯具之间的连接,对并联灯具不能用瓷接头并头,否则连接不可靠。

采用压接帽并头是受到用户和操作者欢迎的方法。用于导线并头时,接头耐压可达到2000V,接触电阻小于0.0029Ω,能经受160~200N拉力,在工程中广泛采用。

使用压接帽时要注意如下问题。

(1)必须使用经有关部门鉴定合格的压接帽。目前市场上有一些价廉的压接帽,未经有关部门鉴定,外壳不阻燃,且极易压破,抗拉强度差,稍一用力,内管与外壳就分离。这类产品不准在工程中使用。

(2)用专用压接钳。由于各家压接帽制造厂生产的压接帽的铜管内径有差异,因此使用哪一家生产的压接帽,就应当使用该厂配套的压接钳。严禁用钢丝钳压接。

(3)导线并头时,应该按导线的规格和根数选用适号的压接帽;逐根剥去导线适当长度的外皮,不必扭绞,直接插入帽内,使裸线不外露。若导线根数不足以塞满压接帽内孔,把导线弯折180°后塞入,达到塞满压接帽内孔的目的。

(4)压接时,压接帽必须放入相应的钳口内压到底。压接后,应检查导线是否松动。如有导线未插到底而引起松动,应纠正,以确保正常供电。

内 线 工 程

8.1　内线工程任务单

任务名称	内线工程			
任务内容	要　求		学生完成情况	自我评价
内线安装的基本知识及简单操作	了解内线安装的基本知识			
	掌握槽板配线的方法			
	掌握管道配线的方法			
	掌握护套线配线的线路铺设及质量检测的方法			
	总结与考核			
考核成绩				
教学评价				
教师的理论教学能力	教师的实践教学能力		教师的教学态度	
对本任务教学的建议及意见				

8.2　内线工程实训

实训一　φ25 PVC 暗管敷设

一、实训目的

(1) 熟练使用手动弯管器。

(2) 掌握 φ25 PVC 暗管敷设的工艺。

二、实训内容

正确使用手动弯管器,将 φ25 PVC 暗管折弯所需要的角度。管路的弯曲半径如图 8-1 所示,弯扁度在 0.1D 以下。然后,按照工艺图敷设线路。

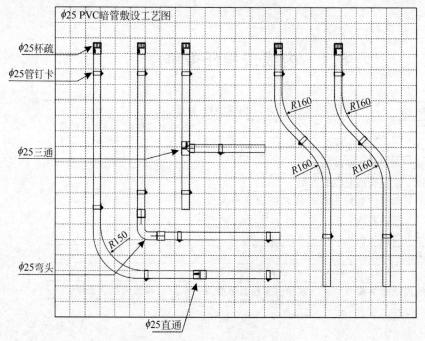

图 8-1　φ25 PVC 暗管敷设工艺图

三、实训用具

手动弯管器、弯管弹簧、钢直尺、钢卷尺、手锯弓、锯条、手锤、手电钻、钻头等。

四、实训步骤

(1) 熟悉施工图。

(2) 选择器材:按照表 8-1 所示选择 PVC 管、各种接头、线卡等。

(3) 划线定位:如图 8-1 所示,在模拟墙体上划线定位。按弹出的水平线,用小线和水平尺测量出 PVC 管子的准确位置并标出尺寸。

(4) 管路预制加工:使用手扳弯管器搣弯,将管子插入配套的弯管器,弯出所需弯度。

(5) 管路连接:将弯好的管路同其他管材连接起来。

(6) 管路固定:用管钉卡固定管路。

表 8-1 实训一器材选择表

序号	名 称	型 号	数 量
1	PVC 管	$\phi 25$	6m
2	PVC 杯疏	$\phi 25$	5 个
3	PVC 直通	$\phi 25$	1 个
4	PVC 三通	$\phi 25$	1 个
5	PVC 弯头	$90°\phi 25$	1 个
6	管钉卡	$\phi 25$	17 个

五、注意事项

(1) 连接要紧密,管口要光滑,保护层应大于 15mm。

(2) PVC 塑料管长度、弯曲半径、安装允许偏差等符合相关操作规范。

实训二 $\phi 16$ PVC 暗管敷设

一、实训目的

(1) 熟练使用手动弯管器。

(2) 掌握 $\phi 16$ PVC 暗管敷设工艺。

二、实训内容

正确使用手动弯管器,将 $\phi 16$ PVC 暗管折弯所需要的角度。管路的弯曲半径如图 8-2 所示,弯扁度在 0.1D 以下。然后,按照工艺图敷设线路。

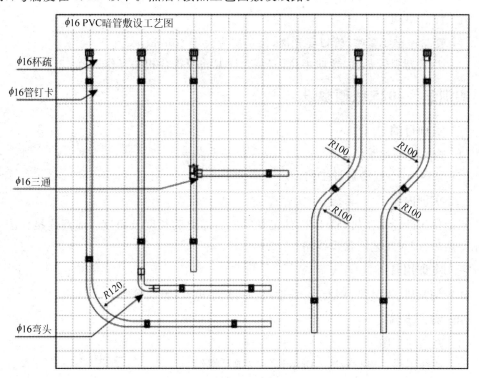

图 8-2 $\phi 16$ PVC 暗管敷设工艺图

三、实训用具

手动弯管器、弯管弹簧、钢直尺、钢卷尺、手锯弓、锯条、手锤、手电钻、钻头等。

四、实训步骤

（1）熟悉施工图。

（2）选择器材：按照表 8-2 所示选择 PVC 管、各种接头、线卡等。

表 8-2　实训二器材选择表

序号	名　称	型　号	数　量
1	PVC 管	$\phi 16$	6m
2	PVC 杯疏	$\phi 16$	5 个
3	PVC 三通	$\phi 16$	1 个
4	PVC 弯头	90° $\phi 16$	1 个
5	管钉卡	$\phi 16$	17 个

（3）划线定位：如图 8-2 所示，在模拟墙体上划线定位，按弹出的水平线用小线和水平尺测量出 PVC 管子的准确位置并标出尺寸。

（4）管路预制加工：使用手扳弯管器搋弯，将管子插入配套的弯管器，弯出所需弯度。

（5）管路连接：将弯好的管路同其他管材连接起来。

（6）管路固定：用管钉卡固定管路。

五、注意事项

（1）管路连接要紧密，管口要光滑，保护层应大于 15mm。

（2）PVC 塑料管长度、弯曲半径、安装允许偏差等符合相关操作规范。

实训三　4025 线槽敷设

一、实训目的

（1）熟练使用切割机。

（2）掌握 4025 线槽敷设工艺。

二、实训内容

正确使用砂轮切割机，将 4025 线槽切割成所需要的长度及角度。线路连接如图 8-3 所示。然后，按照工艺图敷设线路。

三、实训用具

砂轮切割机、钢直尺、钢卷尺、角度尺、手锤、手电钻、钻头等。

四、实训步骤

（1）熟悉施工图。

（2）选择器材：按照表 8-3 所示选择线槽及螺钉。

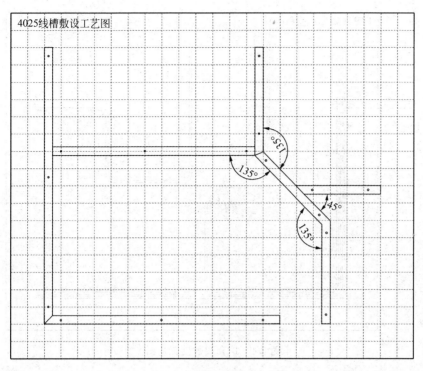

图 8-3　4025 线槽敷设工艺图

表 8-3　实训三器材选择表

序　号	名　　称	型　　号	数　　量
1	线槽	4025	6m
2	安装螺钉		17 只

（3）划线定位：如图 8-3 所示，在模拟墙体上划线定位，按弹出的水平线用小线和水平尺测量出线槽的准确位置并标出尺寸。

（4）线槽加工：使用砂轮切割机，将线槽切割成所需要的长度及角度。

（5）线槽固定：用螺钉固定线槽。

五、注意事项

（1）线槽连接要紧密，端口要光滑。

（2）安装允许偏差、固定螺丝等符合相关操作规范。

实训四　护套线敷设

一、实训目的

（1）熟练使用电工工具。

（2）掌握护套线敷设工艺。

二、实训内容

（1）正确使用斜口钳，将护套线剪成所需要的长度。线路敷设如图 8-4 所示。

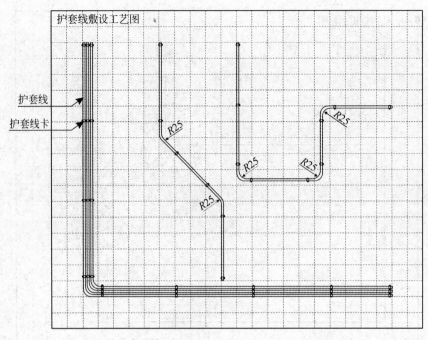

图 8-4   护套线敷设工艺图

（2）按照工艺图敷设线路。

三、实训用具

斜口钳、钢直尺、钢卷尺、角度尺、手锤等。

四、实训步骤

（1）熟悉施工图。

（2）选择器材：按照表 8-4 所示选择护套线及护套线卡。

表 8-4   实训四器材选择表

序　　号	名　　称	型　　号	数　　量
1	护套线		10m
2	护套线卡		42 只

（3）划线定位：如图 8-4 所示，在模拟墙体上划线定位，按弹出的水平线用小线和水平尺测量出护套线的准确位置并标出尺寸。

（4）护套线加工：使用斜口钳，将护套线剪成所需要的长度。

（5）护套线固定：用护套线卡固定护套线。

五、注意事项

（1）几根平行护套线的布线工艺。

（2）护套线卡固定的位置和间距。

实训五　各种管材敷设

一、实训目的

（1）熟练使用各种电工工具。

（2）掌握桥架、PVC管、线槽、金属管等敷设工艺。

二、实训内容

按照工艺图敷设线路。

三、实训用具

斜口钳、手动弯管器、弯管弹簧、钢直尺、钢卷尺、角度尺、手锯弓、锯条、手锤、手电钻、钻头等。

四、实训步骤

（1）熟悉施工图。

（2）选择器材：按照表8-5所示选择器材。

表 8-5　实训五器材选择表

序　号	名　称	型　号	数　量
1	PVC管	ϕ16	1m
2	PVC杯疏	ϕ16	1个
3	PVC杯疏	ϕ25	1个
4	管钉卡	ϕ16	3个
5	金属管	ϕ25	0.4m
6	线槽	2525	0.6m
7	线槽	5025	1.5m
8	桥架		1根
9	86型开关盒		3只
10	护套线		0.5m
11	护套线卡		3只
12	防水接头		1只

（3）管路预制加工。

① 将PVC管加工成所需要的弯度及长度。

② 将线槽加工成所需要的角度及长度。

（4）护套线加工：将护套线剪成所需要的长度。

（5）测定86型暗盒位置：按照图8-5，测出86型开关盒的准确位置。

（6）管路连接：将加工好的各种管材按照图纸连接好。

（7）管路固定：用各种管材配套的固定器材将管路固定。

五、注意事项

（1）开关盒与线槽的接口。

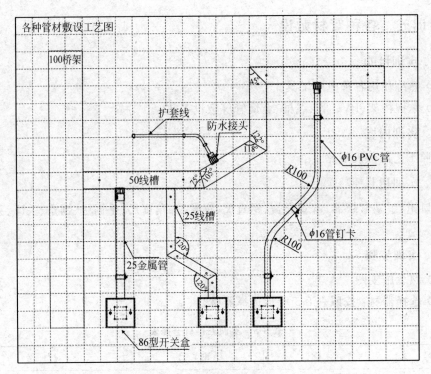

图 8-5　各种管材敷设工艺图

（2）各种固定器材的位置和间距。

（3）管卡固定时，确保横平竖直，不得出现倾斜。

低压电器的识别、拆装与检修

9.1 低压电器的识别、拆装与检修任务单

任务名称	低压电器的识别、拆装与检修		
任务内容	要　求	学生完成情况	自我评价
低压电器的识别、拆装与检修	熟练掌握按钮的结构、作用、电路符号；能够使用万用表测量		
	熟练掌握接触器的结构、作用、电路符号；能够使用万用表测量		
	熟练掌握热继电器的结构、作用、电路符号；能够使用万用表测量		
	熟练掌握时间继电器的结构、作用、电路符号；能够使用万用表测量		
	掌握自动空开的作用、电路符号		
	掌握熔断器的结构、作用、电路符号和类型		
考核成绩			
教学评价			
教师的理论教学能力	教师的实践教学能力		教师的教学态度
对本任务教学的建议及意见			

9.2　低压电器的识别、拆装与检修内容

电器是指用于接通和断开电路,或对电路和电气设备进行保护、控制和调节的电工器件。根据其在电路中所起的作用不同,分为控制电器和保护电器。控制电器主要控制电路的接通或断开,例如刀开关、接触器等。保护电器的主要作用是保护电源不工作在短路状态,保护电动机不工作在过载状态,例如热继电器、熔断器都属于保护电器。根据电器的工作电压等级,分为高压电器和低压电器。所谓低压电器,是指用于交流电压 1200V、直流电压 1500V 及以下电路中的电器。

9.2.1　闸刀开关

闸刀开关在低压电路中用于不频繁地接通和分断电路,或用于隔离电路与电源,故又称隔离开关。有时也用来控制小容量电动机的直接启动与停止。

闸刀开关一般由闸刀(动触点)、静插座(静触点)、手柄和绝缘底板等组成。闸刀开关的外形与符号如图 9-1 所示。

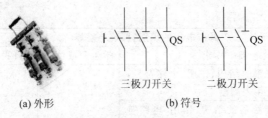

(a) 外形　　　　　　(b) 符号

图 9-1　闸刀开关的外形与符号

9.2.2　组合开关(转换开关)

组合开关又叫转换开关,是一种转动式的闸刀开关,如图 9-2 所示,主要用于接通或切断电路、换接电源、控制小型笼型三相异步电动机的启动、停止、正反转或局部照明。组合开关有若干个动触片和静触片,分别装于数层绝缘件内。静触片固定在绝缘垫板上;动触片装在转轴上,随转轴旋转而变更通、断位置。

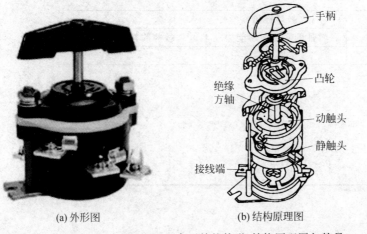

(a) 外形图　　　　(b) 结构原理图　　　　(c) 组合开关的符号

图 9-2　组合开关的外形、结构原理图与符号

9.2.3 低压断路器（自动空气开关）

低压断路器在当电路发生严重过载、短路以及失压等故障时能自动切断电路,有效地保护串接在其后的电气设备;在正常条件下,也可用于不频繁地接通和断开电路及控制电动机;当发生严重过电流、过载、短路、断相、漏电等故障时,能自动切断线路,起到保护作用,而且在分断故障电流后,一般不需要更换部件。因此,断路器是低压线路中常用的具有设备保护功能的控制电器,在实际中应用广泛。断路器常见外形如图9-3所示,其电路符号如图9-4所示。

图 9-3　几种常用断路器的外形图

断路器的种类很多,人们比较习惯的是按结构形式把断路器分为万能框架式、塑壳式和模块式三种。断路器的结构如图9-5所示,它是刀开关、熔断器、热继电器和欠电压继电器的组合。它既能自动控制,也能手动控制。

图 9-4　断路器符号

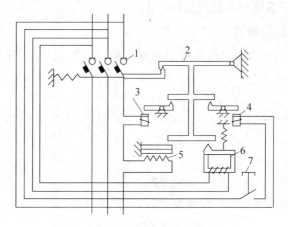

图 9-5　断路器结构原理图

1—主触头；2—自由脱扣器；3—过电流脱扣器；4—分励
脱扣器；5—热脱扣器；6—失压脱扣器；7—启动按钮

9.2.4　熔断器

熔断器主要用作短路保护,也可用于过载保护。熔断器串联在电路中。当电路发生短路或严重过载时,熔断器的熔体将自动熔断,从而切断电路,起到保护作用。熔断器在电路中的符号如图9-6所示。常用的熔断器有瓷插式熔断器(见图9-7)、螺旋式熔断器、玻璃管式熔断器、有填料式封闭熔断器、无填料式封闭熔断器及自复式熔断器等。

|FU

图9-6　熔断器的符号　　　　　　　　图9-7　瓷插式熔断器的外形

选择熔断器时需要考虑如下问题。

1. 类型选择

选择熔断器的类型时,主要考虑线路要求、使用场合、安装条件、负载要求的保护特性和短路电流的大小等因素。

2. 额定电压的选择

额定电压应大于或等于线路的工作电压。

3. 熔体额定电流的选择

(1) 对于电炉、照明等电阻性负载的短路保护,应使熔体的额定电流 I_R 等于或稍大于电路的工作电流 I,即

$$I_R \geqslant I \tag{9-1}$$

(2) 保护单台电动机时,考虑到启动电流的影响,可按下式选择:

$$I_R \geqslant (1.5 \sim 2.5)I_N \tag{9-2}$$

式中: I_N 为电动机额定电流。

对于频繁启动的电动机,式(9-2)的系数取3~3.5。

(3) 保护多台电动机共用一个熔断器时,按下式计算:

$$I_R \geqslant (1.5 \sim 2.5)I_{Nmax} + \sum I_N \tag{9-3}$$

式中: I_{Nmax} 为容量最大的一台电动机的额定电流; $\sum I_N$ 为其余电动机额定电流之和。

4. 熔断器额定电流的选择

熔断器的额定电流必须大于或等于所装熔体的额定电流。

9.2.5 按钮

按钮是一种接通或分断小电流电路的主令电器(所谓主令电器,是自动控制系统中用于接通或断开控制电路的电气设备,用以发送控制指令或用作程序控制),其结构简单,应用广泛。触头允许通过的电流较小,一般不超过5A,主要用在低压控制电路中,手动发出控制信号。按钮的结构示意图和符号如图9-8所示。

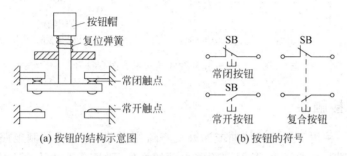

(a) 按钮的结构示意图   (b) 按钮的符号

图 9-8 按钮的结构示意图和符号

按钮的触点分常闭触点(动断触点)和常开触点(动合触点)两种。常闭触点是按钮未按下时闭合、按下后断开的触点。常开触点是按钮未按下时断开、按下后闭合的触点。按钮按下时,常闭触点先断开,然后常开触点闭合;松开后,依靠复位弹簧,使触点恢复到原来的位置。

9.2.6 行程开关

行程开关又称限位开关,是利用生产机械的某些运动部件的碰撞来发出开关量控制信号的主令电器,一般用来控制生产机械的运动方向、速度、行程远近或定位,其外形如图9-9所示,可实现行程控制以及限位保护的控制。行程开关属于行程原则控制的范围,即生产机械的行程改变电路状态的基准。行程开关的结构示意图和符号如图9-10所示。

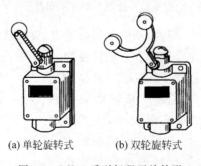

(a) 单轮旋转式   (b) 双轮旋转式

图 9-9 LX19 系列行程开关外形

行程开关的工作原理是:当操作头感受到运动部件的碰撞后,将力传递到触头系统,使触头的开闭状态发生变化,触头已接在控制电路中,使相应的电器动作,达到控制的目的。

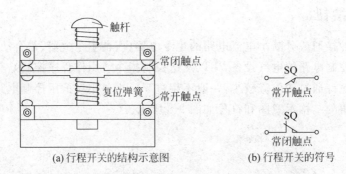

(a) 行程开关的结构示意图   (b) 行程开关的符号

图 9-10   行程开关的结构示意图和符号

9.2.7   接触器

接触器是一种用于频繁地接通或断开交直流主电路、大容量控制电路等大电流电路的自动切换电器。在功能上，接触器除能自动切换外，还具有手动开关所缺乏的远距离操作功能和失压(或欠压)保护功能，但没有自动开关具有的过载和短路保护功能。接触器生产方便，成本低，主要用于控制电动机、电热设备、电焊机、电容器等，是电力拖动自动控制电路中应用最广泛的电气元件。其外形和符号如图 9-11 所示。

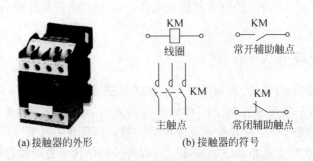

(a) 接触器的外形   (b) 接触器的符号

图 9-11   接触器的外形和符号

接触器主要由线圈、铁心、衔铁、动触点与静触点、灭弧装置等部分组成，按流过接触器触点电流的性质，分为交流接触器和直流接触器。

交流接触器的结构如图 9-12 所示。根据用途不同，交流接触器的触点分主触点和辅助触点两种。主触点一般比较大，接触电阻较小，用于接通或分断较大的电流，常接在主电路中；辅助触点一般比较小，接触电阻较大，用于接通或分断较小的电流，常接在控制电路(或称辅助电路)中。有时为了接通和分断较大的电流，在主触点上装有灭弧装置，以熄灭由于主触点断开而产生的电弧，防止烧坏触点。

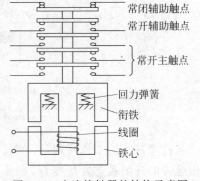

图 9-12   交流接触器的结构示意图

9.2.8 继电器

继电器是一种根据外来电信号来接通或断开电路,实现对电路的控制和保护作用的自动切换电器。继电器的种类很多,根据用途分为控制继电器和保护继电器;根据反映的不同信号,分为电压继电器、电流继电器、时间继电器、热继电器、速度继电器、中间继电器等。

1. 热继电器

热继电器就是利用电流的热效应原理,在出现电动机不能承受的过载时切断电动机电源,为电动机提供过载保护的保护电器。热继电器根据过载电流的大小自动调整动作时间,具有反时限保护特性,即过载电流大、动作时间短;过载电流小,动作时间长。当电动机的工作电流为额定电流时,热继电器应长期不动作。热继电器的结构和符号如图9-13所示。

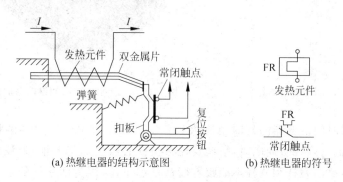

(a) 热继电器的结构示意图   (b) 热继电器的符号

图 9-13 热继电器的结构示意图和符号

双金属片式热继电器如图9-14所示,其工作原理是:双金属片的下层金属膨胀系数大,上层的膨胀系数小。当主电路中的电流超过允许值而使双金属片受热时,双金属片的自由端向上弯曲超出扣板,扣板在弹簧的拉力下将常闭触点断开。触点接在电动机的控制电路中。控制电路断开,使接触器的线圈断电,从而断开电动机的主电路。

图 9-14 双金属片式热继电器外形

2. 时间继电器

时间继电器是指当感测机构接收到外界动作信号,经过一段时间后,触点才动作的继电器,其符号如图 9-15 所示。时间继电器按动作原理分为电磁式、空气阻尼式(外形如图 9-16 所示)、电动式和电子式等;按延时方式,分为通电延时和断电延时两种。

图 9-15 时间继电器的符号　　　　图 9-16 空气阻尼式时间继电器的外形

空气阻尼式时间继电器的延时范围大(有 0.4～60s 和 0.4～180s 两种),其结构简单,但准确度较低。当线圈通电时,衔铁及托板被铁心吸引而瞬时下移,使瞬时动作触点接通或断开。但是活塞杆和杠杆不能跟着衔铁一起下落,因为活塞杆的上端连着气室中的橡皮膜,当活塞杆在释放弹簧的作用下开始向下运动时,橡皮膜随之向下凹;上面空气室的空气变得稀薄,使活塞杆受到阻尼作用而缓慢下降。经过一定时间,活塞杆下降到一定位置,通过杠杆推动延时触点动作,使动断触点断开,动合触点闭合。从线圈通电到延时触点完成动作的这段时间就是继电器的延时时间。延时时间的长短可以用螺钉调节空气室进气孔的大小来改变。吸引线圈断电后,继电器依靠恢复弹簧的作用而复原,空气经出气孔被迅速排出。通电延时型空气阻尼式时间继电器的结构如图 9-17 所示。

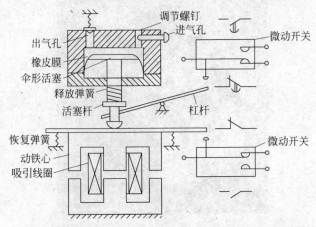

图 9-17 通电延时型空气阻尼式时间继电器结构示意图

3. 速度继电器

速度继电器是一种利用速度原理对电动机进行控制的自动电器。当电动机转速下降到一定值时，由速度继电器切断电动机控制电路，其结构和符号如图9-18所示。

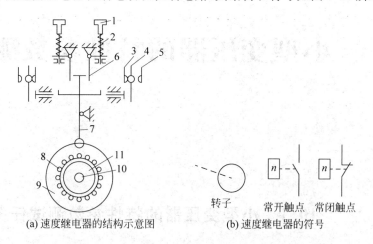

(a) 速度继电器的结构示意图　　　　(b) 速度继电器的符号

图 9-18　速度继电器的结构示意图和符号

1—调节螺钉；2—反力弹簧；3—常闭触点；4—动触点；5—常开触点；6—返回杠杆；

7—摆杆；8—笼形导条；9—圆环；10—转轴；11—永磁转子

速度继电器主要由转子、定子和触点三部分组成。速度继电器的转轴与被控电动机的轴相连接。当电动机轴旋转时，速度继电器的转子随之转动。当电动机转速升高到一定值时，触点动作；当电动机转速下降到一定值时，触点复位。速度继电器主要用于反接制动控制电路中。

任务 10

小型变压器的特性参数测试

10.1　小型变压器的特性参数测试任务单

任务名称	小型变压器的特性参数测试		
任务内容	要　　求	学生完成情况	自我评价
小型变压器的特性参数测试	熟悉小型变压器的结构、分类		
	理解小型变压器的工作原理		
	能够叙述小型变压器组成部分的名称和作用		
	理解小型变压器对电压、电流的变换		
考核成绩			
教学评价			
教师的理论教学能力	教师的实践教学能力		教师的教学态度
对本任务教学的建议及意见			

10.2 小型变压器的特性参数测试内容

10.2.1 变压器的工作原理、分类及结构

1. 变压器的工作原理

变压器利用电磁感应原理把某一电压值的交流电转变成频率相同的另一电压值的交流电。它主要由线圈和铁心两部分组成。如图 10-1 所示是一个简单的单相变压器工作原理示意图。它闭合的铁心上共有两个线圈,套在同一个铁心柱上,以增大其耦合作用。铁心形成磁路,为了画图及分析简单,常把两个线圈画成分别套在铁心的两边。一个线圈接交流电源,接收电能,称为一次绕组,匝数为 N_1;另一个线圈接负载,输出电能,称为二次绕组,匝数为 N_2。

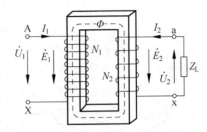

图 10-1 变压器的工作原理示意图

变压器的一次绕组接交流电压 U_1,二次绕组接负载 Z_L,此时由一、二次绕组磁势 I_1N_1 和 I_2N_2 在铁心中产生正弦交变主磁通 Φ,其最大值为 Φ_m。此外,有很小一部分磁通穿过一、二次绕组后沿周围空气而闭合,此为绕组的漏磁通。根据电磁感应原理,交变主磁通必定在一、二次绕组中产生感应电动势 E_1、E_2。根据理论计算,在忽略励磁磁动势以及绕组的电阻和电抗的理想情况下,电压方程式为

$$\left. \begin{array}{l} U_1 = E_1 = 4.44 f N_1 \Phi_m \\ U_2 = E_2 = 4.44 f N_2 \Phi_m \end{array} \right\} \tag{10-1}$$

变换上式,得电压关系式为

$$\frac{U_1}{U_2} = \frac{E_1}{E_2} = \frac{N_1}{N_2} = K_u \tag{10-2}$$

式中:N_1、N_2 为一、二次绕组的匝数;E_1、E_2 为一、二次绕组的感应电动势,单位为 V;f 为电源频率,单位为 Hz;K_u 为匝数比,也称电压比。

此式说明变压器一、二次绕组上电压的比值等于两者的匝数比。改变一、二次绕组匝数,变压器实现电压变换。当一次绕组匝数 N_1 比二次绕组匝数 N_2 多时,称为降压变压器;反之,称为升压变压器。

由于 $U_1 = E_1 = 4.44 f N_1 \Phi_m$,因此在使用变压器时必须注意:$U_1$ 过高、f 过低或 N_1 过小,都会引起 Φ_m 过大,使变压器中用来产生磁通的励磁电流(即空载电流 I_0)大大增加而烧坏变压器。

当然,所有用在交流电路中的带铁心线圈的电器,如交流电动机、电磁铁、继电器、电抗器等,都必须注意其额定电压与电源电压相符合,千万不要过电压运行。从美国、日本进口的电器要注意工作频率是 60Hz 还是 50Hz,60Hz 电器用于 50Hz 电网时,只能减小容量运行,不能满负荷工作。

2. 变压器的种类

变压器的分类方式很多,可按用途、结构、相数和冷却方式等分类。变压器的常用分类和用途如表 10-1 所示。

表 10-1　变压器的分类和用途

分　类	名　称	主　要　用　途
按照用途分类	电力变压器	包括升压变压器、降压变压器、配电变压器、联络变压器、厂(或所)用变压器等,它在输配电系统中用于变换电压、传送电能
	仪用互感器	电工测量与自动保护装置中使用
	电焊变压器	在各类钢铁材料的焊接上使用的交流电焊机
	电炉变压器	冶炼、加热、热处理用的变压器
	调压器	试验、实验室、工业上用于调压电压
	整流变压器	用于电力机车电源、直流调速
	矿用变压器	用于有爆炸危险场所的矿井,供动力和照明等
按照容量分类	中小型变压器	10～6300kV·A
	大型变压器	8000～63000kV·A
	特大型变压器	9000kV·A 及以上
按工作特性分类	变压器	改变电压(有升压、降压、配电等)
	整流器	改变电流等
	感应式移相器	改变相位,用于可控整流电路等
	变换阻抗	改变阻抗(如收音机上的输出变压器)
	饱和电抗器	用于稳压、恒流、电动机调速磁放大器等
按铁心结构形式分类	壳式铁心	小型变压器
	心式铁心	大、中型变压器
	渐开线形铁心	大、中型变压器(国内少见)
	C 形铁心	电子技术中的变压器
按冷却方式分类	油浸式变压器	油冷却、外部加风冷或水冷,用于大中型变压器
	油浸风冷式变压器	强迫油循环风冷,用于大型变压器
	自冷式变压器	空气冷却,用于中、小型变压器
	干式变压器	用于安全防火要求较高的场所,如地铁、机场、高层建筑
按相数分类	单相变压器	小型变压器用
	三相变压器	大、中型变压器用
按绕组数量分类	单绕组变压器	自耦变压器高、低压共用一个绕组
	双绕组变压器	每相有高、低压两个绕组
	三绕组变压器	每相有高、中、低压三个绕组
	多绕组变压器	如整流用六相变压器

3. 变压器的结构

变压器最主要的组成部分是铁心和绕组,称为器身。通常绕组套在铁心上,绕组与绕组之间以及绕组与铁心之间都是绝缘的。此外,还包括油箱和其他附件。图 10-2 所示为几种常见电力变压器的外形,图 10-3 所示为油浸式电力变压器结构。

外形 变压器器身

图 10-2 S9 系列 10kV 级电力变压器

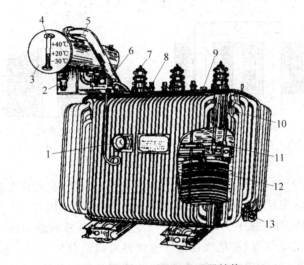

图 10-3 油浸式电力变压器结构

1—信号温度计；2—吸湿器；3—储油柜；4—油表；5—安全气道；6—气体继电器；7—高压套管；

8—低压套管；9—分接开关；10—油箱；11—铁心；12—线圈；13—放油阀门

(1) 铁心：铁心是变压器的磁路部分，通常由含硅量较高，厚度为 0.27mm、0.3mm、0.35mm 或 0.5mm，表面涂有绝缘漆的热轧或冷轧硅钢片(国产硅钢片的典型型号为 DQ120~DQ151)叠装而成。它能够提供磁通的闭合路径。

铁心也是变压器器身的骨架，它由铁心柱、磁轭和夹紧装置组成。套装绕组的部分叫做铁心柱，连接铁心柱形成闭合磁路的部分叫做磁轭，夹紧装置把铁心柱和磁轭连成一个整体。变压器铁心常用的有心式、壳式等形式，如图 10-4 所示。其中，心式变压器的铁心被绕组包围。这类变压器的铁心结构简单，绕组套装和绝缘比较方便，绕组散热条件好，所以广泛应用于容量较大的电力变压器中。壳式变压器的铁心包围绕组，这类变压器的机械强度好，铁心易散热，因此小型电源变压器大多采用壳式结构。此外，还有"C"形铁心，其特点是铁损较小。

(2) 绕组：绕组是构成变压器的电路部分，一般用绝缘扁铜线或圆铜线在绕线模上绕制而成。绕组套装在变压器铁心柱上。按照高压绕组与低压绕组在铁心上的相互位置，绕组分为同心式和交叠式两种，如图 10-5 所示。对于同心式绕组，低压绕组在内层，高压绕组套装在低压绕组外层，这样便于绝缘。这种绕组结构简单，绝缘和散热性能好，

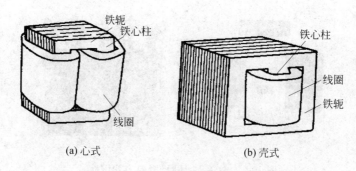

图 10-4　变压器的铁心

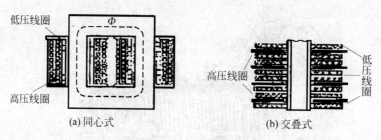

图 10-5　变压器绕组

所以在电力变压器中广泛采用。交叠式绕组的引线比较方便,机械强度好,易构成多条并联支路,因此常用于大电流变压器中,例如电炉变压器、电焊变压器等。

（3）油箱及其他附件:除了干式变压器外,变压器器身装在油箱内,油箱内充满变压器油,其目的是提高绝缘强度（油绝缘性能比空气好）,加强散热。较大容量的变压器一般还有储油柜、安全气道、气体继电器、绝缘套管、分接开关等附件。

10.2.2　变压器的铭牌、型号和额定数据

1. 变压器的铭牌

每台变压器上都有一个铭牌,标有型号、额定值和其些数据。以电力变压器为例,其铭牌上的内容如下所述。

（1）电力变压器的形式、出厂序号、相数、冷却方式和使用场所,以及电力变压器的标准代号。

（2）电力变压器的额定容量、各侧线圈的额定电压、分接开关的位置和分接电压、额定电流及额定频率。

（3）电力变压器的接线图和连接组别。

（4）电力变压器的空载电流、空载损耗、阻抗电压和短路损耗。

（5）电力变压器的总质量、油质量和器身质量。

2. 变压器的型号

变压器的型号说明变压器的形式和产品规格,由字母和数字组成。电力变压器产品型号表示方法如图 10-6 所示,变压器型号中代表符号的含义如表 10-2 所示。

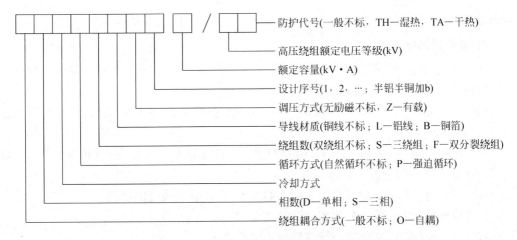

图 10-6　电力变压器产品型号的表示方法

表 10-2　变压器型号中代表符号的含义

分　类	类　别	符　号
相数	单相	D
	三相	S
线圈外冷却介质	矿物质	—
	不燃性油	B
	气体	Q
	干式空气自冷	G
	成形固体浇注	C
箱壳外冷却介质	油浸空气自冷	—
	油浸风冷	F
	油浸水冷	W
循环方式	自然循环	—
	强迫循环	P
	强迫导向	D
	导体内冷	N
	蒸发冷却	H
绕组数	双绕组	—
	三绕组	S
	自耦	O
调压方式	无励磁调压	—
	有载调压	Z
绕组导线材料	铜线	—
	铝线	L
	铜箔	B

　　举例来说,变压器的型号是 S9-1600/10,表示三相油浸式自冷双绕组铜线,性能水平代号为"9",额定容量为"1600kV·A",高压额定电压等级为"10kV"的配电变压器。

　　又如 OSFPSZ-120000/220,表示自耦三相风冷强迫油循环三绕组铜线有载调压,额定容量为"120000kV·A",高压额定电压等级为"220kV"的电力变压器。

3. 变压器的额定值

变压器的额定值是制造厂家设计、制造变压器和用户安全、合理使用的依据。变压器的额定值主要有以下几项内容。

(1) 额定容量(S_N):指变压器在厂家铭牌规定的条件下,在额定电压、额定电流下连续运行时输送的容量。

(2) 额定电压(U_N):指变压器长时间运行时,所能承受的工作电压(铭牌上的 U_N 为变压器分接开关中间分接头的额定电压值)。

(3) 额定电流(I_N):指变压器在额定容量下,允许长期通过的电流。

(4) 容量比:指变压器各侧额定容量之比。

(5) 电压比(变比):指变压器各侧额定电压之比。

(6) 铜损(短路损失):指变压器一、二次电流流过一、二次绕组,在绕组电阻上消耗的能量之和。

(7) 铁损:指变压器在额定电压下(二次开路)铁心中消耗的功率,包括磁滞损耗、涡流损耗和附加损耗。

(8) 百分阻抗(短路电压):指变压器二次短路,一次施加电压并慢慢加大电压。当二次产生的短路电流等于额定电流时,一次施加的电压。

$$U_{K=} = \frac{短路电压}{额定电压} \times 100\% \tag{10-3}$$

三绕组变压器有高中压、高低压、中低压绕组间三个百分阻抗。测量高、中压绕组间的百分阻抗时,低压绕组需开路;其他的以此类推。

10.2.3 变压器的并列运行与常见故障分析

1. 变压器的并列运行

在电力系统中,广泛地采用变压器的并列运行,这在技术上和经济上是合理的。例如,电厂和变电所的负载是受季节和用户影响的,为了提高变压器的利用率,需要把一些变压器投入或者退出运行。在母线上或经过线路后,将两台或更多台变压器一次侧和二次侧同极性的出线端互相连接,这种运行方式叫做变压器的并列运行,如图 10-7 所示,其优点如下所述。

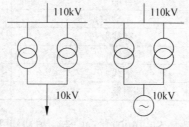

图 10-7 变压器的并列运行方式

（1）提高供电可靠性。当某台变压器运行中发生故障,被从系统中切除后,并列的其他变压器可继续供电。

（2）有利于经济运行。变压器并列运行时,可根据实际负荷的变化和需要,灵活调节投入的台数和容量,尽量减少变压器超负荷或轻负荷,降低电能损耗,提高系统功率因数。

（3）方便安排计划检修。需要对变压器检修时,可以先并列一台变压器,再将需要检修的变压器换下来,达到检修、供电两不误。

（4）减少初期投资。变电所的负荷一般都是逐步增加的,并列运行可以根据负荷的发展分期安装变压器,减少初期投资。

2. 变压器并列运行的条件

正常并联运行的变压器应该是在空载时,并联的线圈之间没有循环电流,也就是没有铜、铁损耗;在负载时,各变压器线圈中的负载电流要按它们的容量成正比地分配,防止其中某台过载或欠载,使并联的变压器容量都能充分利用。为了达到上述目的,并联运行的变压器必须满足下列条件。

（1）变比相同（允许差别≤±0.5%）,即额定电压比相同。若变比不同,投入并联运行后,变压器之间产生环流。这一环流对两台变压器来说,大小相等,但方向相反,即由一台变压器流到另一台变压器而不送到负载。环流的大小与变比的差成正比,环流会增加变压器的损耗。另外,即使变比相同而高、低压电压不同,也不行;否则,会产生环流,并使负荷分配不平衡。

（2）连接组别相同。如果将不同连接组别的变压器并联接在电网上,其相应的低压绕组端子上将存在相位差。相位差的值为30°或是30°的倍数,使环流成倍地大于额定电流。因此,不同连接组别的变压器是绝对不允许并联运行的。在实际运行中,线圈连接组别不同的变压器并列运行,各变压器之间的循环电流大大超过其额定电流,所以必须严格遵守规定。

（3）阻抗电压百分数 U_d% 要接近相等,否则并联变压器负荷电流不按容量成比例分配。一般规定阻抗电压值在±10%误差范围内,阻抗角相差为 10°~20°。

（4）三相相序相同。如果并联运行的各变压器的连接组别、变比和阻抗电压值均相同,但由于接入电网时的相序有错,变压器绕组间将产生极大的循环电流,烧毁绕组。为此,并联前必须仔细核对相位,即测量各变压器相应端子的电压。测得两个端子间的电压为零时,可认为两端子同相。

（5）变压器容量比不可太大。对于容量不同的变压器,容量越小的短路电压,有功分量越大,因此变压器负载电流不同相,也会造成环流。所以,对并联变压器的容量差别也要有限制,一般容量比不超过 3∶1。在额定电压相同时,总负载在各并联连接的变压器上的分配与变压器的额定容量成正比,与短路电压成反比。

3. 并列运行时的安全操作

变压器并列运行,除了必须同时满足并列运行的条件之外,还不能忽视安全操作。

（1）并列运行需经过认真计划,并列操作不宜频繁进行,否则对变压器和开关设备不利。

（2）并列运行时必须根据变压器的技术数据认真核算,尤其在长时间运行时,要充分考虑并列运行的经济性。

（3）对于新投入运行和检修后的变压器,在并列运行之前,首先应该核相,并且选择变压器空载状态下试并列无误后,才可正式并列及带负荷。

（4）不允许使用隔离开关和跌开式熔断器进行变压器的并列或解列操作。不允许通过变压器倒送电。

（5）并列运行之前,应根据实际情况,预计负荷分配;并列之后,立即检查并列变压器的负荷电流分配是否合理。

（6）解列或停用一台并列运行的变压器,应根据实际情况,需预结是否有可能造成一台变压器过负荷。在有可能造成变压器过负荷的情况下,变压器不能进行解列操作。

10.2.4　变压器的常见故障分析

1. 变压器常见故障分析

变压器常见故障现象及分析如表 10-3 所示。

表 10-3　变压器常见故障现象及分析

异常运行分类	征　兆	原因及处理方法
变压器运行时声音异常	变压器声音增大	若运行中的变压器声音比往常增大,产生原因大致如下：①变压器本来负荷较大,此时又有大容量动力设备投入启动,于是变压器负荷声音增大;②电弧炉、大型晶闸管等整流设备参加运行,带来谐波分量的影响;③电网中出现单相接地,变压器声音增大,如不出现其他异常声音和现象,可以结合电流表、电压表指示情况综合分析,并对变压器进行一次详细检查,如果情况没有发展,可继续运行
	变压器出现不均匀杂音	变压器出现个别零件松动,尤其是铁心的穿心螺栓不够紧固,硅钢片振动加大,使得内部出现不均匀的噪声。如不及时处理,硅钢片绝缘膜进一步破坏,容易引起铁心局部过热;时间长了,此现象不断加剧,应停用此变压器,吊出器身检查
	变压器有水沸腾声	变压器内部如有类似水沸腾的声音,且伴有温度急剧上升、油位增高时,判断为绕组发生短路故障,或分接开关因接触不良引起严重过热。此时应立即停用此变压器,吊出器身检查
	变压器的振动声、摩擦声	变压器运行时有规律的振动声、摩擦声,一般是由于变压器自身振动引起一些零件的振动摩擦。另外,谐波源的影响也是原因之一。所以,应找出根源,适当处理
	变压器有放电和爆裂声	变压器外部或内部发生局部放电,会出现"噼啪"声,尤其在夜间或阴雨天气,可看到套管附近有电晕或火花,说明套管瓷件污秽严重或线夹接触不良。若放电声来自内部,可能是绕组或引出线对外壳闪络放电;或铁心接地线断线,造成铁心感应的高电压对外壳放电;或分接开关接触不良放电。不管是哪种放电,时间长了都会严重损坏变压器的绝缘。因此,这种异常情况应慎重判断,及时停用该变压器。如判断故障在内部,可吊出器身检查

续表

异常运行分类	征 兆	原因及处理方法
变压器油色异常	变压器油一般为透明并略显黄色。非此颜色,视为异常	发现油色异常,应取油样进行化验分析。若发现油内含有炭粒和水分、油的酸价增高、闪点降低、绝缘强度也降低,说明油质劣化,使变压器内发生绕组内部与外壳间的击穿故障。即油色异常,应抓紧分析,必要时停用此变压器,做进一步检查
变压器溢油或喷油	变压器油溢出或喷出	当变压器二次系统突然发生短路,而保护装置拒动;或变压器内部有短路故障,出气孔和防爆管堵塞等,内部的高温、高热会使变压器喷油。如果变压器油量过多,气温又高,可造成非内部故障性质的溢油。变压器一旦发生喷油,可能引起气体保护装置动作。若变压器喷油,应立即停用,做进一步检查
变压器油位过低	非运行变压器由于器身温度变化引起的绝缘油体积变化带来的油位下降	原因如下: ① 变压器运行中,因阀门、垫圈、焊接质量的问题,发生渗漏油 ② 变压器本来油量不太足,加之气温降低的影响 ③ 多次试验取油样,而未及时补油 ④ 由于油位计管堵塞、储油柜吸湿器堵塞等原因造成的假油位,未及时发现及补油 长期油位过低会对变压器产生严重的危害。如低到一定程度,气体保护装置动作;绕组露出油面接触空气、吸收潮气,将降低绝缘水平 处理方法:变压器缺油时,应及时补油;若因大量漏油使油位骤降,低至气体继电器以下或继续下降时,应停用此变压器
变压器油温显著上升	在正常负荷和正常冷却方式下,变压器油温较平时高出10℃以上;或负荷不变,油温不断上升时,经检查冷却装置及温度计也无问题,则视为内部故障	① 变压器绕组匝间短路或层间短路。这时,会看到变压器一、二次三相电压和三相电流表现不平衡,还将伴随气体及差动保护装置动作,严重时甚至防爆管喷油。变压器停用后,用电桥测量三相绕组的直流电阻来查证 ② 变压器分接开关接触不良,接触电压过大,或变压器内部其他连接点有问题,均会造成放电或过热,导致变压器油温升高。这时,如化验分析绝缘油门点降低和高压绕组直流电阻有明显增大,可初步判断为分接开关接触不良所致 ③ 变压器涡流增大,使铁心过热加剧而引起硅钢片间绝缘进一步损坏,增大铁损值,油温升高。穿心螺栓绝缘损坏,会使穿心螺栓与硅钢片短接。这时,将有较大的电流通过穿心螺栓,促使螺栓发热,促使变压器抽湿升高。此时,通过观察气体保护装置有无频繁动作、变压器油门点下降等方法,进行初步判断 上述几种情况均需对变压器进行器身检查
变压器过负荷	① 过负荷时,电流表、有功及无功电度表指示超过额定值 ② 油温上升,声音有变化 ③ 冷却装置可能启动 ④ 信号屏上的"过负荷"字牌亮	遇到变压器过负荷,首先应及时调整运行方式,如有备用变压器,应立即投入,查明异常现象是哪部分出线引起的,必要时设法调整、转移、限制某些负荷。如果属于正常过负荷,可根据过负荷的倍数确定允许过负荷时间。若超过时间,应立即减小负荷。如果属于事故过负荷,可根据过负荷倍数及时间允许值,减小变压器的负荷。如倍数和时间超过允许值,应按照规定减小负荷,同时注意加强对变压器的运行监视

异常运行分类	征兆	原因及处理方法
变压器套管闪络放电	闪络放电	变压器套管表面沉积灰尘、煤灰及烟雾,也容易引起套管闪络。另外,套管制造上的缺陷,如套管密封不严,因进水使绝缘受潮而损坏,或绝缘内部游离放电,套管上有较大的碎片及裂纹等,在遇到过电压时,极易闪络放电。闪络放电造成发热,严重时导致爆炸事故。因此,对于运行中的变压器,发现套管有严重破损和放电现象时,应立即停用并处理
变压器异常气味	气味异常	对于运行中的变压器,某些部件或局部放电过热,会产生异常气味。例如,套管表面污秽沉积过多或破损,发生闪络放电,这时会有一种臭氧味;套管导电部分过热,会产生一种焦味;冷却风扇、油泵烧毁,或控制箱内电气元件线路烧损,会产生焦臭味。对于轻瓦斯动作时气体的气味,应该更加注意。变压器有异常气味出现,应查清来源,予以适当的处理
变压器分接开关故障	内部有放电声音,电流表指示随响声发生振动,或发生轻瓦斯信号。检查发现绝缘油的闪点降低,氢、烃类含量急剧增加,一氧化碳、二氧化碳含量变化不大	分接开关故障的一般原因如下所述。 ① 分接开关触头弹簧压力不足,触头滚轮压力不均,使有效接触面积减少,或因使银层磨损严重等引起分接开关烧毁 ② 分接开关接触不良,又遇到短路电流的冲击而发生故障 ③ 倒分接开关时操作方法不当。本来,未用位置触头长期浸在油中,可能因氧化而产生一层氧化膜。在倒分接开关时,没有将分接开关手柄多转动几次,消除接触面的氧化膜及油垢;或者未测量分接头直流电阻,未能发现接触不良的问题,经受不了大电流的冲击 ④ 相间绝缘距离不够大,或绝缘材料性能降低,在内部或外部过电压作用下容易发生短路 若发现变压器电压、电流指示反常、温度上升、油色及声音发生较大的变化,应立即取油样做气相色谱分析。如鉴定为分接开关故障,可试着切换到完好的挡位,测量直流电电阻合格后暂时运行。事态严重,应立即停用
变压器冷却系统异常	冷却器出现风故障或运行声音异常,或发出备用冷却器投入信号,或冷却器全停	变压器冷却系统故障原因有机械方面的,也有电气方面的。冷却风扇、油泵及其控制线路损坏,某些阀门、水冷管路元件损坏等都可能使冷却系统中断运行。注意三点:一是冷却系统中断后,变压器油温及储油柜油位要上升,并有可能从防爆管溢油;二是冷却装置修复运行后,储油柜油位可能下降,甚至使气体保护动作,这时应停用重保护;三是冷却系统中断后,要密切注意负荷状况,若冷却系统故障处理需要时间较长,而变压器负荷很重,应考虑某些负荷限用调整

续表

异常运行分类	征　兆	原因及处理方法
变压器差动保护动作	差动保护装置动作,变压器各侧断路器同时跳闸	差动保护装置动作,变压器各侧断路器同时跳闸时,应立即检查差动保护范围内所有一、二次设备、线路,包括电流互感器、穿墙套管以及二次差动保护回路等有无短路放电及其他异常现象。测量变压器绝缘电阻,检查有无内部故障,检查直流系统有无接地异常现象等 经过上述检查,如判明动作原因在外部,变压器可不经过内部检查而重新投入运行;否则,应对变压器做进一步检查、试验分析,确定故障性质,必要时要对其器身进行检查
变压器气体保护动作	瓦斯保护装置是内部故障的主保护装置,它能反映变压器内部发生的各种故障。变压器内部故障时,一般是从较轻微逐步发展为严重故障。所以,大部分先发出轻瓦斯动作信号,然后重瓦斯保护装置动作跳闸	轻瓦斯保护装置动作的原因有以下几个。 ① 因滤油、加油或冷却系统不严密等,致使空气进入变压器 ② 因温度下降或漏油,致使油位过低 ③ 变压器内部有轻微程度故障,产生微弱气体 ④ 保护装置二次回路故障引起误动作 ⑤ 外部发生穿越性短路故障 ⑥ 受强烈振动影响 ⑦ 气体继电器本身有问题 当变压器发出轻瓦斯保护信号后,值班人员应立即对变压器进行外部检查,包括油色、油位、油温、气体继电器气体量及负荷量。若外部检查未发现异常现象,可根据气体继电器中气体的性质及绝缘油气相色谱分析结论,查明故障性质。 运行中的变压器发生重瓦斯保护装置动作时,其原因可能是如下几项。 ① 变压器内部严重故障 ② 保护装置二次回路故障引起的误动作 ③ 某些情况下,由于油枕内的胶囊安装不良,造成呼吸器堵塞,油温变化后,呼吸器突然冲开,油枕冲动使气体继电器误动跳闸 ④ 外部发生穿越性短路故障 ⑤ 变压器附近有强烈振动 当轻瓦斯信号和重瓦斯保护装置动作后,往往是变压器内部发生了比较严重的故障,此变压器未经进一步检查,不许投入运行。此时,只要其他设备的保护装置没有动作,就可以先投入备用变压器或备用电源,恢复对全部或部分用户供电
变压器定时过电流保护动作	定时过电流保护装置动作,断路器跳闸	定时过电流保护装置动作、断路器跳闸应根据保护信号显示情况、相应的断路器跳闸情况、设备故障情况等综合分析、判断,然后进行处理 若定时过电流保护装置动作,断路器跳闸,气体、差动也有动作反应,应对变压器本体进行检查。发现明显故障特征时,不可送电

2. 瓦斯继电器动作

瓦斯继电器动作,说明变压器可能有问题。若是信号动作而不跳闸,通常是下列原因造成的。

(1) 油位降低,二次回路故障。由外部检查可确定。

(2) 滤油、加油或冷却系统不严密,致使空气进入变压器。这时,应鉴定变压器内部积聚的气体性质。如有气体,且无色、无臭、不可燃,则为空气。如果在继电器顶端上面5~6mm 处点火可燃,则不是空气,可能是变压器故障产生的少量气体,例如因穿越性短路所致。此时,应检查油的闪燃点。如闪燃点较过去降低 5℃ 以上,说明变压器内部故障,须进行内部修理。瓦斯继电器动作时的气体分析和处理要求如表 10-4 所示。

表 10-4　瓦斯继电器动作时的气体分析和处理要求

气 体 性 质	故 障 原 因	处 理 要 求
无色、无臭、不可燃	变压器内含有空气	允许继续运行
灰白色、有巨臭、可燃	纸质绝缘烧坏	应立即停电检修
黄色、难燃	木质部分烧坏	应停电检修
深灰和黑色、易燃	油内闪络和油质炭化	应分析油样,必要时停电检修

10.2.5　变压器常用控制与保护设备

1. 变压器常用控制设备

1) 断路器

断路器是开关设备中最重要和最复杂的一种高压电器,具有良好的灭弧性能。它既能切换正常负荷,又可排除短路故障,具有控制和保护双重任务,在工厂变电所中广泛用作变配电线路、电力变压器或高压电动机的控制、保护开关。断路器按所采用的灭弧介质不同,分油断路器(多油和少油两种)、空气断路器、真空断路器和六氟化硫(SF$_6$)断路器等多种。断路器的操作机构,按其合闸能源的不同,分为手动式、电磁式、弹簧式、气动式、液压式等。

(1) 少油断路器。少油断路器的油只作灭弧介质之用,截流部分是借空气和陶瓷绝缘材料或其他有机绝缘材料来绝缘的。它用油量少,油箱结构坚固,安装简便,使用安全。其缺点是:不适用于频繁操作和严寒地区,附装电流互感器比较困难,抢修周期较短。

(2) 真空断路器。真空断路器指的是触点在真空中断开电路的断路器,这种断路器的灭弧是一个真空度保持在 $10^{-6} \sim 10^{-2}$ Pa 严格密封的部件,靠真空作为灭弧和绝缘介质。灭弧室内的动、静触点分别焊接在动、静电导杆上,借助于波纹管实现动密封,在机构驱动力作用下沿灭弧室轴向移动。触点周围有一个用来吸附燃弧时触点上产生的金属蒸气的屏蔽罩,使电弧电流在第一次过零时即可熄灭。所以,燃弧时间只有半个周期,不受开断电流大小的影响。保持真空断路器的真空密封外壳的高度真空,是保证真空断路器安全、可靠运行的重要条件。真空断路器的优点与缺点如表 10-5 所示。

表 10-5 真空断路器的优点与缺点

真空断路器的优点	真空断路器的缺点
触点开距小	造价较高
燃弧时间短,触点烧损轻	过载能力过差
体积小,重量轻	需要装设监视(灭弧室)真空度变化的监视装置
防火、防爆	开断小电感电流时,有可能产生较大的过电压,必须配有专用的R-C吸收器或金属氧化物避雷器,才能有效地限制操作过电压
维修量小	
操作噪声小	
适合频繁操作,特别适用于开断容性负载电流	

（3）六氟化硫断路器。六氟化硫（SF$_6$）断路器是一种采用化学性能非常稳定的SF$_6$惰性气体作为灭弧和绝缘介质的新型断路器。灭弧室结构一般为单压式（灭弧室在常态时只有单一压力的SF$_6$气体）。分闸过程中,压气缸与动触点同时运动,将压气室内的气体压缩；当触点分离后,电弧即在高速气流纵吹作用下熄灭。由于SF$_6$气体具有优良的绝缘和灭弧性能,使SF$_6$断路器具有开断能力强、断口电压高、允许连续开断次数多、适于频繁操作、噪声小、检修周期长等优点。

2）负荷开关

负荷开关是一种性能介于隔离开关和断路器之间的简易电器。由于它有简单的灭弧装置,具有一定的灭弧能力,可用来切断正常负荷电流,但不能切断故障时的短路电流。所以,负荷开关必须与高压熔断器配合使用,由后者来承担切断短路电流的作用。

3）隔离开关

隔离开关是一种没有灭弧装置的开关设备,不能用它来接通和切断负荷电流,更不能切断短路电流,只能在电气线路已被切断的情况下用来隔离电源,满足运行方式、调度及保证检修工作的安全。合闸状态能可靠地通过正常负荷电流与短路故障电流。隔离开关都设有防止误操作（不允许断路器在关合状态下进行分、合闸操作）的机械或电气连锁。

2. 变压器常用保护设备

1）高压熔断器

高压熔断器具有结构简单、体积小、重量轻、维护方便等优点,在35kV及以下小容量电网中用来保护线路或变压器等电气设备。熔断器主要由熔管、接触导电系统、支持绝缘子和底座等组成。

2）保护继电器

常用的保护继电器按其结构原理分为电磁式、感应式和晶体管式等；按其保护功能分为电流继电器、时间继电器、中间继电器和信号继电器等。保护继电器的新产品为插入式结构,体积小,更换方便。

三相异步电动机的正转控制

11.1　三相异步电动机的正转控制任务单

任务名称	三相异步电动机的正转控制（26学时）		
任务内容	要　　求	学生完成情况	自我评价
三相异步电动机的正转控制	掌握三相异步电动机的结构与工作原理		
	学会三相异步电动机的启动、制动与调速		
	掌握电气控制原理图的认识与绘制方法		
	掌握三相异步电动机点动正转控制线路的接线方法		
	掌握三相异步电动机的自锁正转控制		
	掌握三相异步电动机的点动正转、自锁正转的混合控制		
	总结与考核		
考核成绩			
教学评价			
教师的理论教学能力	教师的实践教学能力		教师的教学态度
对本任务教学的建议及意见			

11.2 三相异步电动机的正转控制实训

电机是根据电磁原理实现电能和机械能相互转换或电能特性变换的机械。电机的种类如下所示。

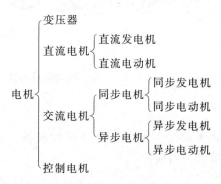

电动机的作用是将电能转换为机械能。在生产上主要用的是交流电动机,特别是三相异步电动机。仅在需要均匀调速,以及在某些电力牵引和起重设备中才采用直流电动机。同步电动机主要应用于功率较大、不需要调速、长期工作的各种生产机械,如压缩机、水泵、通风机等。此外,在高精度、高速度的机电一体化产品中还用到各种控制电机,用作执行元件或传递信号、变换元件。

11.2.1 三相异步电动机的结构

三相异步电动机的种类很多,但各类三相异步电动机的基本结构是相同的,它们都由定子和转子这两大基本部分组成,在定子和转子之间有一定的气隙。此外,还有端盖、轴承、接线盒、吊环等附件,如图 11-1 和图 11-2 所示。

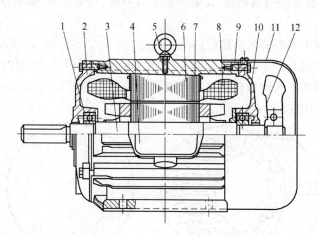

图 11-1 封闭式三相笼型异步电动机的结构

1—轴承;2—前端盖;3—转轴;4—接线盒;5—吊环;6—定子铁心;
7—转子;8—定子绕组;9—机座;10—后端盖;11—风罩;12—风扇

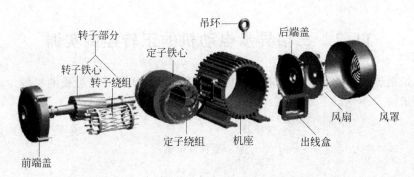

图 11-2 三相笼型异步电动机的组成部件

1. 定子部分

定子是指电动机中静止不动的部分,用来产生旋转磁场。三相电动机的定子一般由外壳、定子铁心、定子绕组等部分组成。

1) 外壳

三相电动机外壳包括机座、端盖、轴承盖、接线盒及吊环等部件。

(1) 机座:采用铸铁或铸钢浇铸成型。它的作用是保护和固定三相电动机的定子绕组。中、小型三相电动机的机座还有两个端盖支承着转子,它是三相电动机机械结构的重要组成部分。通常,机座的外表要求散热性能好,所以一般都铸有散热片。

(2) 端盖:用铸铁或铸钢浇铸成型。它的作用是把转子固定在定子内腔中心,使转子能够在定子中均匀地旋转。

(3) 轴承盖:也是采用铸铁或铸钢浇铸成型的。它的作用是固定转子,使转子不能轴向移动,还起存放润滑油和保护轴承的作用。

(4) 接线盒:一般是用铸铁浇铸,其作用是保护和固定绕组的引出线端子。

(5) 吊环:一般是用铸钢制造,安装在机座的上端,用来起吊、搬抬三相电动机。

2) 定子铁心

异步电动机定子铁心是电动机磁路的一部分,由 0.35～0.5mm 厚,表面涂有绝缘漆的薄硅钢片叠压而成。由于硅钢片较薄,而且片与片之间是绝缘的,所以减少了由于交变磁通通过而引起的铁心涡流损耗。铁心内圆有均匀分布的槽口,用来嵌放定子绕圈。定子铁心及冲片示意图如图 11-3 所示。

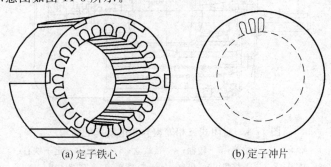

(a)定子铁心   (b)定子冲片

图 11-3 定子铁心及冲片示意图

3）定子绕组

定子绕组是电动机定子的电路部分，用绝缘铜线或铝线绕制而成。中、小型三相电动机多采用圆漆包线；大、中型三相电动机的定子线圈用较大截面的绝缘扁铜线或扁铝线绕制后，按一定规律嵌入定子铁心槽。三相异步电动机定子绕组的三个首端 U1、V1、W1 和三个末端 U2、V2、W2 都从机座上的接线盒中引出。如图 11-4（a）所示为定子绕组的星形接法；如图 11-4（b）所示为定子绕组的三角形接法。三相绕组具体应该采用何种接法，应视电力网的线电压和各相绕组的工作电压而定。对于目前我国生产的三相异步电动机，功率在 4kW 以下者，一般采用星形接法；在 4kW 以上者，采用三角形接法。

2. 转子部分

转子是指电动机的旋转部分，主要用来产生旋转力矩，拖动生产机械旋转。转子由转轴、转子铁心、转子绕组组成。

1）转子铁心

转子铁心是用 0.5mm 厚的硅钢片叠压而成，套在转轴上。其作用和定子铁心相同，一方面作为电动机磁路的一部分，另一方面用来安放转子绕组，如图 11-5 所示。

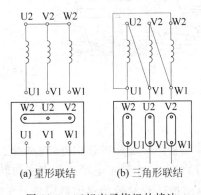

(a) 星形联结　　(b) 三角形联结

图 11-4　三相定子绕组的接法

图 11-5　转子冲片示意图

2）转子绕组

异步电动机的转子绕组分为绕线型与笼型两种，由此分为绕线转子异步电动机与笼型异步电动机。

（1）绕线型绕组

绕线型绕组与定子绕组一样也是一个三相绕组，一般接成星形，三相引出线分别接到转轴上的三个与转轴绝缘的集电环上，通过电刷装置与外电路相连，这就有可能在转子电路中串接电阻或具有电动势，以改善电动机的运行性能，如图 11-6 所示。

（2）笼型绕组

在转子铁心的每一个槽中插入一根铜条，在铜条两端各用一个铜环（称为端环）把导条连接起来，称为铜排转子，如图 11-7（a）所示；也可用铸铝的方法，把转子导条和端环风扇叶片用铝液一次浇铸而成，称为铸铝转子，如图 11-7（b）所示。功率为 100kW 以下的异步电动机一般采用铸铝转子。

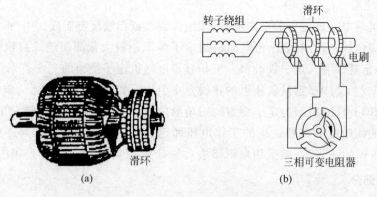

图 11-6　三相绕线式转子异步电动机转子

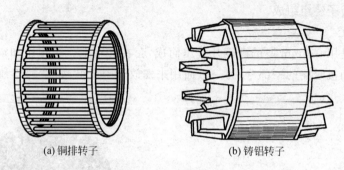

(a) 铜排转子　　　　　　　　(b) 铸铝转子

图 11-7　笼型转子绕组

3. 其他部分

电动机转子的其他部分包括端盖、风扇等。端盖除了起防护作用外,在端盖上还装有轴承,用以支撑转子轴。风扇用来通风,冷却电动机。三相异步电动机的定子与转子之间的空气隙一般仅为 0.2~1.5mm。气隙太大,电动机运行时的功率因数降低;气隙太小,装配困难,运行不可靠,高次谐波磁场增强,使附加损耗增加,启动性能变差。

11.2.2　三相异步电动机的工作原理

1. 旋转磁场的产生

三相异步电动机转子之所以会旋转,实现能量转换,是因为存在旋转磁场。下面介绍旋转磁场的产生原理。

如图 11-8 所示,U1U2、V1V2、W1W2 为三相定子绕组,对称放置在定子槽中,在空间彼此相隔 120°,三相绕组的首端 U1、V1、W1 接在三相对称电源上,有三相对称电流 i_U、i_V、i_W 通过三相绕组。习惯上规定电流参考方向由首端指向末端。设电源的相序为 U→V→W,i_U 的初相角为零,三相对称电流的波形如图 11-9 所示。

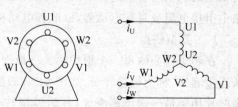

图 11-8　定子三相绕组结构示意图

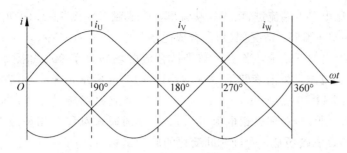

图 11-9　三相对称电流波形

各时刻磁场方向分析如下。

（1）在 $\omega t = 0°$ 瞬间：$i_U = 0, i_V < 0, i_W > 0$。此时 U 相绕组内没有电流；V 相绕组电流为负值，说明电流由 V2 端流进，由 V1 端流出；W 相绕组电流为正值，说明电流由 W1 端流进，由 W2 端流出。运用右手螺旋定则，确定合成磁场如图 11-10(a)所示，为一对极（两极）磁场。

（2）在 $\omega t = 90°$ 瞬间：$i_U > 0, i_V < 0, i_W < 0$。此时 U 相绕组电流为正值，电流由 U1 端流进，由 U2 端流出；V 相绕组电流为负值，电流由 V2 端流进，由 V1 端流出；W 相绕组电流为负，电流由 W2 端流进，由 W1 端流出。合成磁场如图 11-10(b)所示。

（3）在 $\omega t = 180°$ 瞬间：$i_U = 0, i_V > 0, i_W < 0$。此时 U 相绕组内没有电流；V 相绕组电流为正值，电流由 V1 端流进，由 V2 端流出；W 相绕组电流为负值，电流由 W2 端流进，由 W1 端流出。合成磁场如图 11-10(c)所示。

（4）在 $\omega t = 270°$ 瞬间：$i_U < 0, i_V > 0, i_W > 0$。此时 U 相绕组电流为负值，电流由 U2 端流进，由 U1 端流出；V 相绕组电流为正值，电流由 V1 端流进，由 V2 端流出；W 相绕

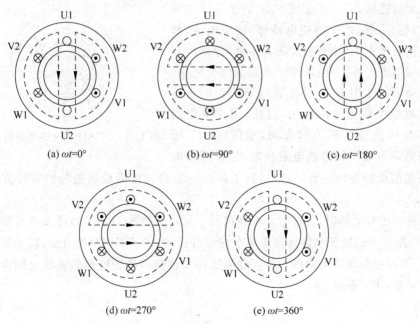

(a) $\omega t = 0°$　　　　(b) $\omega t = 90°$　　　　(c) $\omega t = 180°$

(d) $\omega t = 270°$　　　　(e) $\omega t = 360°$

图 11-10　两极旋转磁场示意图

组电流为正,电流由 W1 端流进,由 W2 端流出。合成磁场如图 11-10(d)所示。

(5) 在 $\omega t = 360°$ 瞬间:情况同(1)。合成磁场如图 11-10(e)所示。

综上所述,得出如下结论:当 $\omega t = 90°$ 时,合成磁场转过了 90°,如图 11-10(b)所示;当 $\omega t = 180°$ 时,合成磁场方向旋转了 180°,如图 11-10(c)所示;当 $\omega t = 270°$ 时,合成磁场旋转了 270°,如图 11-10(d)所示;当 $\omega t = 360°$ 时,合成磁场旋转了 360°,即转 1 周,如图 11-10(e)所示。所以,对称三相电流 i_U、i_V、i_W 分别通入对称三相绕组 U1U2、V1V2、W1W2 中形成的合成磁场是一个随时间变化的旋转磁场。

以上分析的是电动机产生一对磁极时的情况。当定子绕组连接形成的是两对磁极时,运用相同的方法可以分析出:此时电流变化一个周期,磁场只转动了半圈,即转速减慢了一半。由此类推,当旋转磁场具有 p 对极时(即磁极数为 $2p$),交流电每变化一个周期,其旋转磁场在空间转动 $1/p$ 转。因此,三相电动机定子旋转磁场每分钟的转速 n_1、定子电流频率 f 及磁极对数 p 之间的关系是

$$n_1 = \frac{60f}{p} \tag{11-1}$$

异步电动机转速和磁极对数的对应关系如表 11-1 所示。

表 11-1　异步电动机转速和磁极对数的对应关系

磁极对数 p	1	2	3	4	5	6
转速 $n_1/(\text{r/min})$	3000	1500	1000	750	600	500

2. 三相异步电动机的转动原理

当电动机的定子绕组通以三相交流电时,在气隙中产生旋转磁场。设旋转磁场以 n_1 的速度顺时针旋转,相当于磁场不动,转子导体逆时针方向切割磁力线,产生感应电动势、感应电流,其方向可根据右手定则判断(假定磁场不动,导体以相反的方向切割磁力线)。由于转子电路为闭合电路,在感应电动势的作用下,产生了感应电流。由于载流导体在磁场中受到力的作用,因此,用左手定则确定转子导体所受电磁力的方向,如图 11-11 所示。这些电磁力对转轴形成电磁转矩,其作用方向

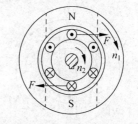

图 11-11　三相异步电动机的转动原理

同旋转磁场的旋转方向一致。这样,转子便以一定的速度沿旋转磁场的旋转方向转动起来。

电动机在正常运转时,其转速 n 总是稍低于同步转速 n_0。转子转速 n 不可能达到同步转速 n_1(若 $n_1 = n$,转子和旋转磁场不存在相对运动,转子不切割磁力线,转子所受电磁力 $F = 0$),因而称为异步电动机。异步电动机同步转速和转子转速的差值与同步转速之比称为转差率,用 s 表示,即

$$s = \frac{n_1 - n}{n_1} \tag{11-2}$$

转差率是异步电动机的一个重要参数。在电动机启动瞬间,$n = 0$,$s = 1$;当电动机转

速达到同步转速(为理想空载转速,电动机在实际运行中不可能达到)时,$n=n_1$,$s=0$由此可见,异步电动机在运行状态下,转差率的范围为$0<s<1$,在额定负载下运行时的转差率为$0.02\sim0.06$。

【例11-1】 有一台三相四级异步电动机,电压频率为50Hz,转速为1440r/min。试求这台异步电动机的转差率。

解:因为磁极对数$p=2$,所以同步转速为

$$n_1 = \frac{60f}{p} = \frac{60\times50}{2} = 1500(\text{r/min})$$

转差率为

$$s = \frac{n_1-n}{n_1} = \frac{1500-1440}{1500} = 0.04$$

3. 三相异步电动机的铭牌

三相异步电动机		
型 号 Y132M-4	功 率 7.5kW	频 率 50Hz
电 压 380V	电 流 15.4A	接 法 △
转 速 1440r/min	绝缘等级 B	工作方式 连续
年 月 日	编 号	××电机厂

1) 型号

三相异步电动机型号主要说明电动机的机型、规格,如下所示。

```
            Y 132 M-4
三相异步电动机 ┘    │ │ └─ 磁极数(4极)
机座中心高度(132mm) ┘ └─ 机座长度代号(中机座)
```

2) 额定值

在异步电动机铭牌上标注有一系列额定数据。在一般情况下,电动机都按其铭牌上标注的条件和额定数据运行,即所谓的额定运行。

异步电动机的额定数据主要有以下几个。

(1) 额定功率P_N。在额定运行情况下,电动机轴上输出的机械功率称为额定功率,单位为 kW,即千瓦。

(2) 额定电压U_N。在额定运行情况下,外加于定子绕组上的线电压称为额定电压,单位为 V,即伏,或 kV,即千伏。

(3) 额定电流I_N。电动机在额定电压下,轴端有额定功率输出时的定子绕组线电流称为额定电流,单位为 A,即安。

(4) 额定频率f_N。我国规定标准工业用电的频率为50Hz。

(5) 额定转速n_N。电动机在额定运行时电动机的转速,称为额定转速,单位为 r/min,即转/分。

4. 接线方法

电动机出线盒中有六个接线柱,分上、下两排。用金属连接板可以把三相定子绕组接

成星形(丫形)或三角形(△形)。星形接法是把三相定子绕组的三个末端连接在一起,三角形接法是首尾依次相接。

11.2.3　三相异步电动机的启动、调速和制动

所谓三相异步电动机的启动,是指三相异步电动机通电后,转速从零开始逐渐加速到额定转速这一段过程。在此过程中,要考虑电动机的启动性能,包括启动电流大小、启动转矩高低、启动过程的平滑性,以及是否经济、可靠等。

在启动的瞬间,电动机转速为0,转差率 $s=1$,也就是说,旋转磁场和静止转子间的相对速度很大,因此转子中的感应电动势很大,转子电流很大,定子电流随着转子电流的增大而增大。电动机直接启动的电流为额定电流的5～7倍。启动电流过大,将使供电线路产生较大的电压降,造成电网电压显著下降,影响在同一电网上其他用电设备的正常工作。对于正在启动的电动机本身,也会因电压下降过大,启动转矩减少,延长启动时间,甚至不能启动。为了改善电动机的启动过程,要求电动机在启动时既要把启动电流限制在一定数值内,同时要有足够大的启动转矩,以便缩短启动过程,提高生产率。

三相异步电动机按转子结构不同,分为笼型异步电动机和绕线式异步电动机。由于两者构造不同,启动的方法也不同。下面分别介绍笼型异步电动机和绕线式异步电动机的启动方法。

1. 笼型异步电动机的启动

1) 直接启动

所谓电动机的直接启动,是指将电动机的定子绕组直接接到额定电源电压上,接线图如图 11-12 所示。笼型异步电动机采用全压直接启动时,控制线路简单,维修工作量较少。但是,并不是所有异步电动机在任何情况下都可以采用全压启动。这是因为异步电动机的全压启动电流一般可达额定电流的5～7倍。过大的启动电流会降低电动机寿命,致使变压器二次电压大幅度下降,减少电动机本身的启动转矩,甚至使电动机根本无法启动,还要影响同一供电网路中其他设备的正常工作。如何判断一台电动机能否全压启动呢?一般规定,电动机容量在10kW以下者,可直接启动。10kW以上的异步电动机是否允许直接启动,要根据电动机容量和电源变压器容量的比值来确定。对于给定容量的电动机,一般用下面的经验公式来估计:

$$\frac{I_{st}}{I_N} \leqslant \frac{3}{4} + \frac{\text{供电变压器容量(kW)}}{4 \times \text{电动机额定功率(kW)}} \tag{11-3}$$

若计算结果满足上述经验公式,一般可以全压启动,否则不予全压启动,应考虑采用降压启动。

2) 降压启动

当电动机不能直接启动时,可通过降低加在定子绕组上的电压来启动。降压启动的主要目的是限制启动电流,但同时限制了启动转矩。因此,这种方法只适用于轻载或空载情况下启动。

常用的降压启动方法有下列几种。

（1）串电阻（或电抗）降压启动控制线路

如图 11-13 所示，在电动机启动过程中，常在三相定子电路中串接电阻（或电抗）来降低定子绕组上的电压，使电动机在降低了的电压下启动，达到限制启动电流的目的。一旦电动机转速接近额定值，切除串联电阻（或电抗），使电动机进入全电压正常运行。

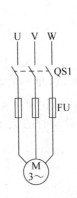

图 11-12　三相异步电动机直接
启动接线图

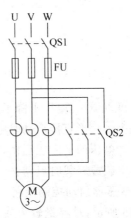

图 11-13　笼型异步电动机定子串电抗器
降压启动接线图

（2）丫-△降压启动控制线路

如图 11-14 所示，这种方法只适用于正常运转时定子绕组作三角形连接的电动机。启动时，先将定子绕组改接成星形，使加在每相绕组上的电压降低到额定电压的 1/3，从而降低启动电压；待电动机转速升高后，再将绕组接成三角形，使其在额定电压下运行。

星形启动和三角形直接启动时线电流的关系原理如图 11-15 所示。

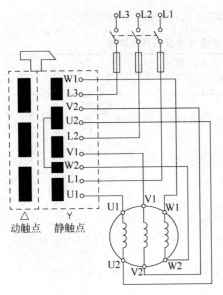

图 11-14　笼型异步电动机丫-△降压启动

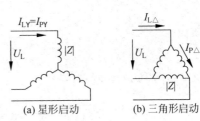

图 11-15　星形启动和三角形启动

当电动机正常工作时,有

$$I_{L\triangle} = \sqrt{3}\, I_{P\triangle} = \sqrt{3}\, \frac{U_L}{|Z|} \tag{11-4}$$

当电动机星形启动时,有

$$I_{LY} = I_{PY} = \frac{U_L/\sqrt{3}}{|Z|} \tag{11-5}$$

所以

$$\frac{I_{LY}}{I_{L\triangle}} = \frac{1}{3} \tag{11-6}$$

通过计算可以看出,电压下降了 $1/\sqrt{3}$,电流下降了 $1/3$。所以,星形启动时的启动电流(线电流)仅为三角形直接启动时电流(线电流)的 $1/3$,即 $I_{Yst} = (1/3)I_{\triangle st}$。

由于转矩与电压的平方成正比,所以启动转矩减小到直接启动时的 $1/3$。因此,这种方法只适用于空载或轻载时启动。

(3)自耦变压器启动控制线路

如图 11-16 所示,对容量较大或正常运行时作星形连接的电动机,可应用自耦变压器降压启动。其优点是不受电动机绕组接线方法的限制,可按照允许的启动电流和所需的启动转矩选择不同的抽头,自耦变压器备有 40%、60%、80% 等多种抽头,使用时根据电动机启动转矩的具体要求来选择,常用于启动容量较大的电动机。其缺点是设备费用高,不宜频繁启动。

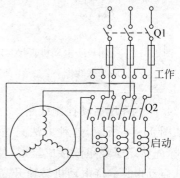

图 11-16 笼型异步电动机自耦变压器降压启动

【例 11-2】 有一个 Y225M-4 型三相异步电动机,其额定数据如表 11-2 所示。

表 11-2 Y225M-4 型三相异步电动机的额定数据

功率	转速	电压	效率	功率因数	I_{st}/I_N	T_{max}/T_N	T_{st}/T_N
45kW	1480r/min	380V	92.3%	0.88	7	2.2	1.9

试求:(1)额定电流 I_N;(2)额定转差率 s_N;(3)额定转矩 T_N;最大转矩 T_{max};启动转矩 T_{st}。

解:(1)4～100kW 电动机通常都是 380V、△连接。因为

$$P_2 = P_1 \eta$$

所以

$$P_1 = P_2/\eta$$

又 $P_1 = \sqrt{3}\, U_1 I_1 \cos\phi$,所以

$$I_N = \frac{P_2}{\sqrt{3}\, U_1 \cos\phi\, \eta} = \frac{45 \times 10^3}{\sqrt{3} \times 380 \times 0.88 \times 0.923} = 84.2(A)$$

(2)

$$s_N = \frac{n_0 - n}{n_0} = \frac{1500 - 1480}{1500} = 0.013$$

$$(3) \qquad T_N = 9550 \frac{P_2}{n} = 9550 \times \frac{45}{1480} = 290.4(N \cdot m)$$

$$T_{max} = 2.2T_N = 2.2 \times 290.4 = 638.9(N \cdot m)$$

$$T_{st} = 1.9T_N = 1.9 \times 290.4 = 551.8(N \cdot m)$$

【例 11-3】 在上题中,(1)若负载转矩为 510.2N·m,试问在 $U = U_N$ 和 $U = 0.9U_N$ 两种情况下,能否启动?(2)采用丫-△降压启动时,求启动电流和启动转矩。(3)当负载转矩为额定转矩 T_N 的 80% 和 50% 时,电动机能否启动?

解: (1) 当 $U = U_N$ 时, $T_{st} = 551.8N \cdot m > 510.2N \cdot m$,所以能启动。

当 $U = 0.9U_N$ 时, $T_{st} = (0.9)^2 \times 551.8 = 447(N \cdot m) < 510.2N \cdot m$,所以不能启动。

$$(2) \qquad I_{st\triangle} = 7I_N = 7 \times 84.2 = 589.4(A)$$

$$I_{st\curlyvee} = \frac{1}{3}I_{st\triangle} = \frac{1}{3} \times 589.4 = 196.5(A)$$

$$T_{st\curlyvee} = \frac{1}{3}T_{st\triangle} = \frac{1}{3} \times 551.8 = 183.9(A)$$

(3) 在 80% 额定负载时,

$$\frac{T_{st\curlyvee}}{T_N \times 80\%} = \frac{183.9}{290.4 \times 0.8} = \frac{183.9}{232.3} < 1$$

不能启动。

在 50% 额定负载时,

$$\frac{T_{st\curlyvee}}{T_N \times 80\%} = \frac{183.9}{290.4 \times 0.8} = \frac{183.9}{145.2} > 1$$

能启动。

2. 三相异步电动机的制动

所谓电动机的制动,是指在电动机的轴上加一个与其旋转方向相反的转矩,使电动机减速或停止。根据制动转矩产生的方法不同,分为机械制动和电气制动两类。机械制动通常是靠摩擦的方法产生制动转矩,如电磁抱闸制动,电气制动是使电动机产生的电磁转矩与电动机产生的旋转方向相反。三相异步电动机的电气制动有能耗制动、反接制动和再生制动(发电反馈制动)。

1) 机械制动

利用机械装置使电动机断开电源后迅速停转的方法叫做机械制动。常用的方法是电磁抱闸制动。

(1) 电磁抱闸的结构

电磁抱闸主要由两部分组成:制动电磁铁和闸瓦制动器,如图 11-17 所示。

制动电磁铁由铁心、衔铁和线圈三部分组成。闸瓦制动器包括闸轮、闸瓦、杠杆和弹簧等。闸轮与电动机装在同一根转轴上。

断电制动型的性能:当线圈得电时,闸瓦与闸轮分开,无制动作用;当线圈失电时,闸瓦紧紧抱住闸轮而制动。

通电制动型的性能是：当线圈得电时,闸瓦紧紧抱住闸轮而制动;当线圈失电时,闸瓦与闸轮分开,无制动作用。

(2) 电磁抱闸制动的特点

① 优点：电磁抱闸制动的制动力强,广泛应用在起重设备上。它安全可靠,不会因突然断电而发生事故。

② 缺点：电磁抱闸体积较大,制动器磨损严重,快速制动时会产生振动。

2) 电气制动

(1) 能耗制动

电动机切断交流电源后,转子因惯性仍继续旋转,立即在两相定子绕组中通入直流电,在定子中产生一个静止磁场。转子中的导条切割这个静止磁场而产生感应电流,在静止磁场中受到电磁力的作用。这个力产生的力矩与转子惯性旋转方向相反,称为制动转矩,它迫使转子转速下降。当转子转速降至零时,转子不再切割磁场,电动机停转,制动结束。此法是利用转子转动的能量切割磁通而产生制动转矩的,实质是将转子的动能消耗在转子回路的电阻上,故称为能耗制动。其原理图如图 11-18 所示。

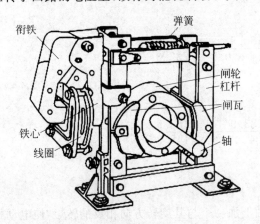

图 11-17　电磁抱闸结构示意图

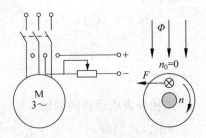

图 11-18　能耗制动原理图

能耗制动的特点如下所述。

① 优点：制动力强,制动平稳,无大的冲击。应用能耗制动,能使生产机械准确停车,因此被广泛用于矿井提升和起重机运输等生产机械。

② 缺点：需要直流电源,低速时制动力矩小。电动机功率较大时,制动的直流设备投资大。

(2) 反接制动

电动机停车时,将三相电源中的任意两相对调,使电动机产生的旋转磁场改变方向,电磁转矩方向随之改变,成为制动转矩。其原理如图 11-19 所示。

注意：当电动机转速接近为零时,要及时断开电源,防止电动机反转。

反接制动的特点是：结构简单,制动效果好,但由于反接时旋转磁场与转子间的相对运动加快,因而电流较大。对于功率较大的电动机,制动时,必须在定子电路(鼠笼式)或转子电路(绕线式)中接入电阻,用于限制电流。

（3）再生制动

电动机转速超过旋转磁场的转速时，电磁转矩的方向与转子的运动方向相反，从而限制转子的转速，起到制动作用。因为当转子转速大于旋转磁场的转速时，有电能从电动机的定子返回给电源，实际上这时电动机已经转入发电机运行，所以这种制动称为发电反馈制动。其原理如图11-20所示。

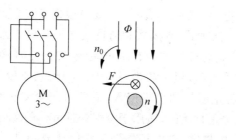 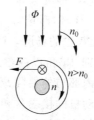

图 11-19　反接制动原理图　　　　图 11-20　再生制动原理图

再生制动的特点是：经济性好，将负载的机械能转换为电能反送电网，但应用范围不广。

3. 三相异步电动机的选用

三相异步电动机是工农业生产中应用最广泛的一种动力机械。合理地选择与使用电动机，能保证电动机安全、经济、高效地运行；选择使用不得当，轻则造成浪费，重则烧毁电动机，造成经济损失。三相异步电动机的选择主要从功率、种类、形式、转速以及正确选择保护和控制电器等方面考虑。

1）功率的选择

电动机的功率（容量），必须根据生产机械所需要的功率来确定。电动机的功率选得过大，设备费用必然增加，不经济。选择得过小，长期在过载状态下运行，可能使电动机很快烧毁。但是由于生产机械的工作情况多种多样，要准确地选择电动机的容量需根据电动机的运行情况，采用不同的选择方式。

（1）连续运行的电动机的功率选择

当电动机在恒定负载下连续运行时，其电动机的额定功率等于或稍大于生产机械所需要的功率。一般额定功率为

$$P_N \geqslant \frac{K_P}{\eta_1 \eta_2} \tag{11-7}$$

式中：P_N 为生产机械的输出功率，kW；η_1 为传动机械的效率，直接连接时，$\eta_1 = 1$，皮带传动时，$\eta_1 = 0.95$；η_2 为生产机械本身的效率；K_P 为余量系数，一般为 $1.05 \sim 1.4$。

选择时，先根据式（11-7）算出功率值，再查产品目录。选择电动机的额定功率等于或略大于算出的功率值，选取标准容量的电动机。

（2）短时运行的电动机的功率选择

短时工作制电动机的铭牌上标有短时额定输出功率和工作连续时间。我国规定的短时工作连续时间有 10min、30min、60min 和 90min 四种。对于短时工作的电动机，其输出功率的计算和连续工作制相同。

2) 类型的选择

首先是种类的选择。若没有特殊要求,一般均应采用三相交流异步电动机。异步电动机又有鼠笼式和绕线式两种类型,一般功率小于100kW。不要求调速的生产机械都应使用鼠笼式电动机,例如泵类、风机、压缩机等。只有在需要大启动转矩,或要求有一定调速范围的情况下,才使用绕线式电动机,例如起重机、卷扬机等。

其次是外形结构的选择。选择电动机的外形结构,主要是根据安装方式,选择立式或卧式等;根据工作环境,选择开启式、防护式、封闭式和防爆式等。开启式通风散热良好,适用于干燥、无灰尘的场所。防护式电动机的外壳有防护装置,能防止水滴、铁屑和其他杂物与垂直方向45°角以内落入电机内部,但不防尘,适用于干燥、灰土较少的场所。封闭式电动机的内部与外界隔离,能防止潮气和尘土侵入,适用于灰尘多和水土飞扬的场所。防爆式电动机的接线盒和外壳全是封闭的,适用于有爆炸性气体的场所。

我国国家标准 GB 1498—1979 中规定,按电机外壳防止固体异物进入电机内部,及防止人体触及内部或带电运动部分,分为0~6级共七级;按电机外壳防水进入内部的程度,分为0~8级共九级。

3) 电压和转速的选择

电动机的额定电压应根据其功率的大小和使用地点的电源电压来决定,应选择与供电电压相一致。一般100kW以下的,选择适合380V/220V供电网的低电压电动机;100kW以上的大功率异步电动机才考虑采用3000V或6000V的高压电动机。

三相异步电动机的额定转速是根据生产机械的要求决定的。

功率相同的电动机,转速愈高,极对数愈少,体积愈小,价格愈便宜;但高速电动机的转矩小,启动电流大。选择时,应使电动机的转速尽可能与生产机械的转速相一致或接近,以简化传动装置。

【例 11-4】 Y280-4 型三相异步电动机的技术数据如下:$P_{2N}=75kW$,$U_N=380$,$\cos\phi_N=0.88$,$n_N=1480r/min$,$\eta_N=0.927$,$I_{st}/I_N=7.0$,$f=50Hz$。试求:①定子绕组的额定电流;②启动电流;③额定转矩。

解:① 额定电流

$$I_N = \frac{P_{2N}}{\sqrt{3}U_N\cos\phi_N\eta_N} = \frac{75 \times 10^3}{\sqrt{3} \times 380 \times 0.88 \times 0.927} = 139.7(A)$$

② 启动电流

$$I_{st} = 7.0I_N = 7.0 \times 139.7 = 997.9(A)$$

③ 额定转矩

$$T_N = 9550\frac{P_{2N}}{n_N} = 9550 \times \frac{75}{1480} = 484(N \cdot m)$$

【例 11-5】 某泵站安装了一台离心式水泵。已知该泵轴上功率为27kW,转速为1480r/min,效率为 $\eta_2=0.84$,电机与泵之间由联轴器直接传动。试选一台合适的电动机。

解:(1) 根据公式(11-7),取 $K=1.1$,因电动机与水泵直接传动,故取 $\eta_1=1$,则电动机功率

$$P_N = \frac{K_P}{\eta_1\eta_2} = \frac{1.1 \times 2.7}{1 \times 0.84} = 35.4(kW)$$

（2）形式选择。因泵站潮湿，有水飞溅，应选择封闭式鼠笼电动机。Y系列电动机的防护等级为IP44，适宜于水土飞溅场所使用，所以选用Y系列电动机。

（3）根据决定的电动机类型、泵要求的转速和计算出的电动机功率，查电动机产品目录，选用Y225-4型，37kW，380V，50Hz，1480r/min的电动机。

异步电动机的产品名称代号及其汉字意义如表11-3所示。

表11-3　异步电动机的产品名称

产品名称	新代号	汉字意义	老代号
异步电动机	Y	异	J，IQ
绕线型异步电动机	YR	异绕	JR
防爆型异步电动机	YB	异爆	JB，JBS
高启动转矩异步电动机	YQ	异起	JQ，JQO

小型Y、Y-L系列鼠笼式异步电动机是取代JO系列的新产品。Y系列定子绕组为铜线，Y-L系列为铝线，电动机功率是0.55～90kW。同样功率的电动机，Y系列比JO系列体积小、重量轻、效率高、噪声低、启动转矩大、性能好、外观美，功率等级和安装尺寸及防护等级符合国际标准。目前国产YX系列电动机是节能效果最好的一种。

4. 三相异步电动机故障分析与维护

三相异步电动机在运行中由于受电源、使用环境、摩擦、振动、绝缘老化等因素的影响，难免发生故障。为了能在短时间内有效地排除电动机故障，必须准确分析故障原因，进行相应处理，防止故障扩大，以保证设备正常运行。三相异步电动机常见故障及检修方法如表11-4所示。

表11-4　三相异步电动机常见故障及检修方法

故障现象	产生原因	检修方法
通电后电动机不能转动，但无异响，也无异味和冒烟	1. 电源未通（至少两相未通） 2. 熔丝熔断（至少两相熔断） 3. 过流继电器调得过小 4. 控制设备接线错误	1. 检查电源回路开关，熔丝、接线盒处是否有断点，然后修复 2. 检查熔丝型号、熔断原因，换新熔丝 3. 调节继电器整定值，与电动机配合 4. 改正接线
通电后电动机不转，然后熔丝烧断	1. 缺一相电源，或定子线圈一相反接 2. 定子绕组相间短路 3. 定子绕组接地 4. 定子绕组接线错误 5. 熔丝截面过小 6. 电源线短路或接地	1. 检查刀闸是否有一相未合好，电源回路是否有一相断线；消除反接故障 2. 查出短路点，予以修复 3. 消除接地 4. 查出误接，予以更正 5. 更换熔丝 6. 消除接地点

故 障 现 象	产 生 原 因	检 修 方 法
通电后电动机不转,有"嗡嗡"声	1. 定子、转子绕组有断路(一相断线)或电源一相失电 2. 绕组引出线始末端接错,或绕组内部接反 3. 电源回路接点松动,接触电阻大 4. 电动机负载过大,或转子卡住 5. 电源电压过低 6. 小型电动机装配太紧,或轴承内油脂过硬 7. 轴承卡住	1. 查明断点,予以修复 2. 检查绕组极性;判断绕组末端是否正确 3. 紧固松动的接线螺丝,用万用表判断各接头是否假接,予以修复 4. 减载或查出并消除机械故障 5. 检查是否把规定的△接法误接为丫;是否由于电源导线过细使压降过大,予以纠正 6. 重新装配,使之灵活;更换合格油脂 7. 修复轴承
电动机启动困难。额定负载时,电动机转速低于额定转速较多	1. 电源电压过低 2. △接法电机误接为丫形 3. 笼型转子开焊或断裂 4. 定、转子局部线圈错接、接反 5. 修复电机绕组时,增加匝数过多 6. 电机过载	1. 测量电源电压,设法改善 2. 纠正接法 3. 检查开焊和断点并修复 4. 查出误接处,予以改正 5. 恢复正确匝数 6. 减载
电动机空载电流不平衡,三相相差大	1. 重绕时,定子三相绕组匝数不相等 2. 绕组首尾端接错 3. 电源电压不平衡 4. 绕组存在匝间短路、线圈反接等故障	1. 重新绕制定子绕组 2. 检查并纠正 3. 测量电源电压,设法消除不平衡 4. 消除绕组故障
电动机空载。过负载时,电流表指针不稳,摆动	1. 笼型转子导条开焊或断条 2. 绕线型转子故障(一相断路),或电刷、集电环短路装置接触不良	1. 查出断条,予以修复,或更换转子 2. 检查绕线转子回路,并修复
电动机空载电流平衡,但数值大	1. 修复时,定子绕组匝数减少过多 2. 电源电压过高 3. 丫接电动机误接为△ 4. 电机装配中,转子装反,使定子铁心未对齐,有效长度缩短 5. 气隙过大或不均匀 6. 大修拆除旧绕组时,使用热拆法不当,使铁心烧损	1. 重绕定子绕组,恢复正确匝数 2. 设法恢复额定电压 3. 改接为丫形 4. 重新装配 5. 更换新转子,或调整气隙 6. 检修铁心或重新计算绕组,适当增加匝数
电动机运行时,响声不正常,有异响	1. 转子与定子绝缘纸或槽楔相擦 2. 轴承磨损,或油内有砂粒等异物 3. 定转子铁心松动 4. 轴承缺油 5. 风道填塞或风扇擦风罩 6. 定、转子铁心相擦 7. 电源电压过高或不平衡 8. 定子绕组错接或短路	1. 修剪绝缘,削低槽楔 2. 更换轴承或清洗轴承 3. 检修定子、转子铁心 4. 加油 5. 清理风道;重新安装 6. 检查并调整电源电压 7. 消除定子绕组故障

续表

故障现象	产生原因	检修方法
运行中,电动机振动较大	1. 由于磨损,轴承间隙过大 2. 气隙不均匀 3. 转子不平衡 4. 转轴弯曲 5. 铁心变形或松动 6. 联轴器(皮带轮)中心未校正 7. 风扇不平衡 8. 机壳或基础强度不够 9. 电动机地脚螺丝松动 10. 笼型转子开焊断路;绕线转子断路;定子绕组故障	1. 检修轴承,必要时更换 2. 调整气隙,使之均匀 3. 校正转子动平衡 4. 校直转轴 5. 校正重叠铁心 6. 重新校正,使之符合规定 7. 检修风扇,校正平衡,纠正其几何形状 8. 加固 9. 紧固地脚螺丝 10. 修复转子绕组;修复定子绕组
轴承过热	1. 滑脂过多或过少 2. 油质不好,含有杂质 3. 轴承与轴颈或端盖配合不当(过松或过紧) 4. 轴承内孔偏心,与轴相擦 5. 电动机端盖或轴承盖未装平 6. 电动机与负载间联轴器未校正,或皮带过紧 7. 轴承间隙过大或过小 8. 电动机轴弯曲	1. 按规定加润滑脂(容积的1/3~2/3) 2. 更换清洁的润滑脂 3. 过松,可用黏结剂修复;过紧,应车、磨轴颈或端盖内孔,使之适合 4. 修理轴承盖,消除擦点 5. 重新装配 6. 重新校正,调整皮带张力 7. 更换新轴承 8. 校正电机轴或更换转子
电动机过热,甚至冒烟	1. 电源电压过高,使铁心发热大大增加 2. 电源电压过低,电动机带额定负载运行,电流过大,使绕组发热 3. 修理、拆除绕组时,采用热拆法不当,烧伤铁心 4. 定、转子铁心相擦 5. 电动机过载或频繁启动 6. 笼型转子断条 7. 电动机缺相,两相运行 8. 重绕后,定子绕组浸漆不充分 9. 环境温度高,电动机表面污垢多,或通风道堵塞 10. 电动机风扇故障,通风不良;定子绕组故障(相间、匝间短路)	1. 降低电源电压(如调整供电变压器分接头)。若是电机丫、△接法错误引起,应改正接法 2. 提高电源电压或换粗供电导线 3. 检修铁心,排除故障 4. 消除擦点(调整气隙或锉、车转子) 5. 减载;按规定次数控制启动 6. 检查并消除转子绕组故障 7. 恢复三相运行 8. 采用二次浸漆及真空浸漆工艺 9. 清洗电动机,改善环境温度,采用降温措施 10. 检查并修复风扇,必要时更换;检修定子绕组,消除故障

实训　三相异步电动机点动、自锁控制电路

1. 实训目的

(1) 通过实践训练,熟悉热继电器的结构、原理和使用方法。

（2）通过实践训练,掌握具有过载保护的点动及接触器自锁电路的安装接线与检测。

（3）使用万用表检测、分析和排除故障。

2. 实训所需电气元件明细表（见表 11-5）

表 11-5　实训所需电气元件明细表

代　号	名　　　称	型　　　号	数量/个	备　注
QS	空气开关	DZ47-63-3P-10A	1	
FU1	熔断器	RT18-32-3P	1	3A
FU2	熔断器	RT18-32-3P	1	2A
KM1	交流接触器	LC1-D0610M5N	1	
FR1	热继电器	JRS1D-25/Z(0.63-1A)	1	
	热继电器座	JRS1D-25 座	1	
SB1	按钮开关	φ22-LAY16(红)	1	
SB3	按钮开关	φ22-LAY16(绿)	1	
M	三相鼠笼异步电动机	380V/△	1	

3. 电路原理

在点动控制的电路中,要使电动机转动,必须按住按钮不放。而在实际生产中,有些电动机需要长时间连续地运行,使用点动控制是不现实的,需要具有接触器自锁的控制电路。

相对于点动控制的自锁触头,必须是常开触头且与启动按钮并联。因为电动机是连续工作的,必须加装热继电器,实现过载保护。具有过载保护的自锁控制电路的电气原理如图 11-21 所示,它与点动控制电路的不同之处在于控制电路中增加了一个停止按钮 SB1,在启动按钮的两端并联了一对接触器的常开触头,增加了过载保护装置(热继电器 FR1)。

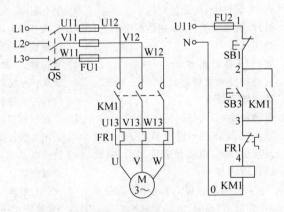

图 11-21　自锁控制电路原理图

电路的工作过程是：当按下启动按钮 SB3 时,接触器 KM1 线圈通电,主触头闭合,电动机 M 启动旋转；当松开按钮时,电动机不会停转,因为这时接触器 KM1 线圈可以通过辅助触点继续维持通电,保证主触点 KM1 仍处在接通状态,电动机 M 就不会失电停转。这种松开按钮仍然自行保持线圈通电的控制电路叫做具有自锁(或自保)的接触器控制电路,简称自锁控制电路。与 SB3 并联的接触器常开触头称为自锁触头。

"欠电压"是指电路电压低于电动机应加的额定电压。这样的后果是电动机转矩降低,转速随之下降,影响电动机正常运行。欠电压严重时,会损坏电动机,发生事故。在具有接触器自锁的控制电路中,当电动机运转时,电源电压降低到一定值时(一般低到85%额定电压以下),由于接触器线圈磁通减弱,电磁吸力克服不了反作用弹簧的压力,动铁心因而释放,使接触器主触头分开,自动切断主电路,电动机停转,达到欠电压保护的作用。

1) 失电压保护

当生产设备运行时,由于其他设备发生故障,引起瞬时断电,使生产机械停转。当故障排除后,恢复供电时,由于电动机重新启动,很可能发生设备与人身事故。采用具有接触器自锁的控制电路时,即使电源恢复供电,由于自锁触头仍然保持断开,接触器线圈不会通电,所以电动机不会自行启动,避免了可能出现的事故。这种保护称为失电压保护或零电压保护。

2) 过载保护

具有自锁的控制电路虽然有短路保护、欠电压保护和失电压保护的作用,但实际使用中还不够完善。因为电动机在运行过程中,若长期负载过大或操作频繁,或三相电路断掉一相运行等原因,都可能使电动机的电流超过它的额定值。有时熔断器在这种情况下尚不会熔断,将引起电动机绕组过热,损坏电动机绝缘。因此,应对电动机设置过载保护。通常由三相热继电器来完成过载保护。

4. 实训接线

按电气元件明细表在挂板上选择熔断器 FU1、空气开关 QS 等器件,然后接线。接动力线时用黑色线,接控制电路用红色线。自锁控制电路实训接线图如图 11-22 所示。

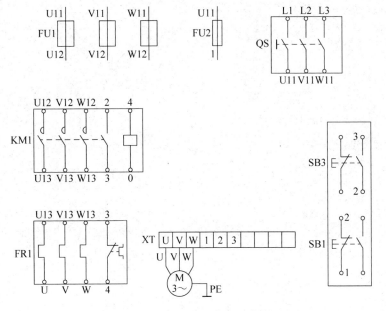

图 11-22 自锁控制电路实训接线图

5．检查与调试

检查接线无误后，接通交流电源，合上开关 QS，按下 SB3，电机应启动并连续转动；按下 SB1，电机应停转。若按下 SB3，电机启动运转后，电源电压降到 320V 以下或电源断电，接触器 KM1 的主触头会断开，电机停转。再次恢复电压为 380V（允许±10％的波动），电机应不会自行启动——具有欠压或失压保护。

如果电机转轴卡住而接通交流电源，则在几秒内热继电器应动作，断开加在电机上的交流电源（注意，不能超过 10s，否则电机过热冒烟，导致损坏）。

三相异步电动机的正反转控制

12.1 三相异步电动机的正反转控制任务单

任务名称	三相异步电动机的正反转控制		
任务内容	要　　求	学生完成情况	自我评价
三相异步 电动机的 正　反　转 控制	掌握三相异步电动机的接触器联锁正反转控制原理及电路图		
	掌握三相异步电动机的按钮联锁正反转控制原理及电路图		
	掌握三相异步电动机的按钮、接触器双重联锁正反转控制原理及电路图		
考核成绩			
教学评价			
教师的理论教学能力	教师的实践教学能力	教师的教学态度	
对本任务 教学的建 议及意见			

12.2 三相异步电动机的正反转控制实训

在生产实际中,往往要求控制线路能对电动机进行正、反转控制。例如,常通过电动机的正、反转来控制机床主轴的正、反转,或工作台的前进与后退,或起重机起吊重物的上升与下放,以及电梯升降等,由此满足生产加工的要求。

三相异步电动机的旋转方向取决于磁场的旋转方向,而磁场的旋转方向取决于电源的相序,所以电源的相序决定了电动机的旋转方向。当改变电源的相序时,电动机的旋转方向随之改变,实现电动机的正反转控制。

实训一 按钮联锁的三相异步电动机正反转控制电路

一、实训目的

(1)熟悉热继电器的结构、原理和使用方法。

(2)掌握按钮联锁的电机正反转控制线路的安装与布线。

(3)使用万用表检测、分析和排除故障。

二、实训所需电气元件明细表(见表 12-1)

表 12-1 按钮联锁的三相异步电动机正反转控制电路实训所需电气元件明细表

代 号	名 称	型 号	数量/个	备 注
QS	空气开关	DZ47-63-3P-10A	1	
FU1	熔断器	RT18-32-3P	1	3A
FU2	熔断器	RT18-32-3P	1	2A
KM1、KM2	交流接触器	LC1-D0610M5N	2	
FR1	热继电器	JRS1D-25/Z(0.63-1A)	1	
	热继电器座	JRS1D-25 座	1	
SB1	按钮开关	φ22-LAY16(红)	1	
SB3、SB4	按钮开关	φ22-LAY16(绿)	2	
M	三相鼠笼异步电机	380V/△	1	

三、电路原理

按钮联锁的三相异步电动机正反转控制电路如图 12-1 所示。当需要改变电动机的转向时,只要直接按反转按钮就可以了,不必先按停止按钮。这是因为,如果电动机按正转方向运转时,线圈是通电的。这时如果按下按钮 SB4,按钮串在 KM1 线圈回路中的常闭触头首先断开,将 KM1 线圈回路断开,相当于按下停止按钮 SB1,使电动机停转。随后,SB4 的常开触头闭合,接通线圈 KM2 的回路,使电源相序相反,电动机反向旋转。同

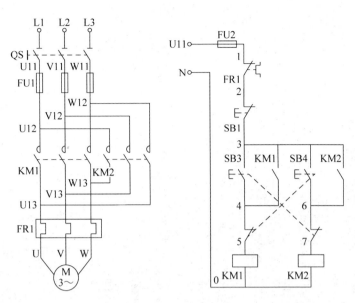

图 12-1　按钮联锁的三相异步电动机正反转控制电路

样,当电动机反向旋转时,若按下 SB3,电动机先停转后正转。该线路是利用按钮动作时,常闭先断开、常开后闭合的特点来保证 KM1 与 KM2 不会同时通电,实现电动机正反转的联锁控制。所以,SB3 和 SB4 的常闭触头也称为联锁触头。

四、实训接线

如图 12-2 所示,在挂板上分别选择 QS、FU1、FU2、KM1、KM2、FR1,控制柜门上有 SB1、SB3、SB4 等器件。在图 12-2 中,各端子的编号法有两种:①用器件的实际编号,例如 KM1 的 1、3、5、13、A1;FR1 的 95 等;②用器件端子的人为编号,例如 FU1 的 1、3、5 等。一般器件的端子已有实际编号,应优先采用。因为编号本身就表示了元件的结构。例如,KM1 的 1 与 2、3 与 4 代表常开主触头;SB1 的①与②表示常闭触头,③与④代表常开触头。

图 12-2 所示是按国家标准用中断线表示的单元接线图,图中各电气元件的端子号及中断线所画的接线图虽然比用连续线画的接线图复杂,但接线很直观(每个端子应接一根还是两根线,每根线应接在哪个器件的哪个端子上),查线也简单(从上到下、从左到右,用万用表分别检查端子①及端子②,直至全部端子都查一遍)。因此,操作者不仅要熟悉,而且要学会看这种接线图。

五、检查与调试

确认接线正确后,接通交流电源。按下 SB3,电机应正转;按下 SB4,电机应反转;按下 SB1,电机应停转。若不能正常工作,应分析并排除故障。

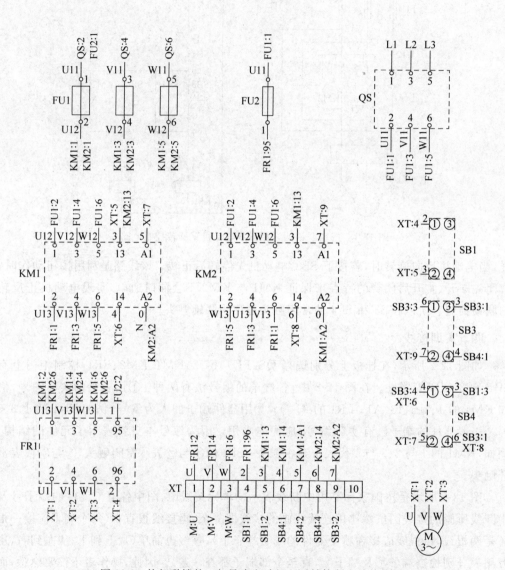

图 12-2 按钮联锁的三相异步电动机正反转控制电路接线图

六、评分标准（见表12-2）

表 12-2　配分、评分标准与安全文明生产

主要内容	考 核 要 求	评 分 标 准	配分	扣分	得分
元件检查与安装	1. 按图纸的要求，正确利用工具和仪表，熟练地安装电气元器件 2. 元件在配电盘上布置要合理，安装要正确、紧固 3. 按钮盒不固定在配电盘上	1. 电动机质量漏检查，每处扣1分 2. 电气元件漏检或错查，每处扣1分 3. 元件布置不整齐、不匀称、不合理，每只扣1分 4. 元件安装不牢固，安装元件时漏装螺钉，每只扣1分 5. 损坏元件，每只扣2分	5		
布线	1. 布线要求横平竖直，接线要求紧固、美观 2. 电源和电动机配线、按钮接线要接到端子排上，要注明引出端子标号 3. 导线不能乱线敷设	1. 电动机运行正常，但未按原理图接线，扣2分 2. 布线不横平竖直，主电路、控制电路每根扣0.5分 3. 接点松动，接头铜过长，反圈，压绝缘层，标记线号不清楚，有遗漏或误标，每处扣0.5分 4. 损伤导线绝缘或线芯，每根扣0.5分 5. 漏接地线，扣2分 6. 导线乱线敷设，扣10分	10		
通电试验	在保证人身和设备安全的前提下，通电试验一次成功	1. 不会使用仪表及测量方法不正确，每个仪表扣1分 2. 主电路、控制电路熔体配错，每个扣1分 3. 各接点松动或不符合要求，每个扣1分 4. 热继电器未整定或整定错，扣2分 5. 一次试车不成功，扣5分；二次试车不成功，扣10分；三次试车不成功，扣15分	15		
安全文明生产	1. 劳动保护用品穿戴整齐 2. 电工工具佩带齐全 3. 遵守操作规程 4. 尊重考评员，讲文明礼貌 5. 考试结束要清理现场	1. 各项考试中，违反考核要求的任何一项，扣2分，扣完为止 2. 考生在不同的技能考试中违反安全文明生产考核要求同一项内容的，要累计扣分 3. 当考评员发现考生有重大事故隐患时，要立即予以制止，并每次从安全文明生产总分中扣5分	10		
备注		成绩			
		考评员签字		年　月　日	

实训二 接触器联锁的三相异步电动机正反转控制电路

一、实训目的

（1）熟悉接触器的结构、原理和使用方法。

（2）掌握接触器联锁的电机正反转控制线路的安装与布线。

（3）使用万用表检测、分析和排除故障。

二、实训所需电气元件明细表（见表 12-3）

表 12-3 接触器联锁的三相异步电动机正反转控制电路所需电气元件明细表

代　号	名　　　称	型　　　号	数量/个	备　注
QS	空气开关	DZ47-63-3P-10A	1	
FU1	熔断器	RT18-32-3P	1	3A
FU2	熔断器	RT18-32-3P	1	2A
KM1、KM2	交流接触器	LC1-D0610M5N	2	
FR1	热继电器	JRS1D-25/Z(0.63-1A)	1	
	热继电器座	JRS1D-25 座	1	
SB1	按钮开关	φ22-LAY16（红）	1	
SB3、SB4	按钮开关	φ22-LAY16（绿）	2	
M	三相鼠笼异步电动机	380V/△	1	

三、电路原理

图 12-3 所示控制线路的动作过程如下所述。

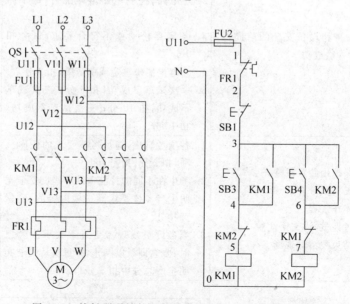

图 12-3 接触器联锁的三相异步电动机正反转控制电路

1．正转控制

合上电源开关 QS，按正转启动按钮 SB3，正转控制回路接通，KM1 的线圈通电动作，其常开触头闭合自锁，常闭触头断开对 KM2 的联锁；同时，主触头闭合，主电路按 U1、V1、W1 相序接通，电动机正转。

2．反转控制

要使电动机改变转向（即由正转变为反转），先按下停止按钮 SB1，使正转控制电路断开，电动机停转，然后使电动机反转。为什么要这样操作呢？因为反转控制回路中串联了正转接触器 KM1 的常闭触头。当 KM1 通电工作时，它是断开的，若这时直接按反转按钮 SB4，反转接触器 KM2 是无法通电的，电动机得不到电源，仍然处于正转状态，不会反转。电机停转后按下 SB4，反转接触器 KM2 通电动作，主触头闭合，主电路按 W1、V1、U1 相序接通，电动机的电源相序改变了，作反向旋转。

四、实训接线

正反转控制电路的接线较为复杂，特别是按钮使用较多。在电路中，两处主触头的接线必须保证相序相反；联锁触头必须保证常闭互串；按钮接线必须正确、可靠、合理。接线如图 12-4 所示。

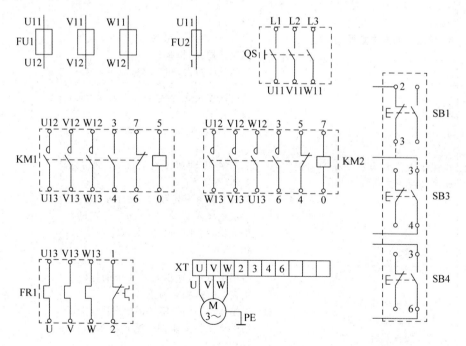

图 12-4　接触器联锁的三相异步电动机正反转控制电路接线图

五、检查与调试

检查接线无误后，可接通交流电源，合上开关 QS，按下 SB3，电机应正转（电机右侧的转轴为顺时针转；若不符合转向要求，可停机，换接电机定子绕组任意两个接线）。按下 SB4，电机仍应正转。如要电机反转，先按 SB1，使电机停转；然后再按 SB4，电机反转。

若不能正常工作,应切断电源,分析并排除故障,使线路正常工作。

六、评分标准(见表 12-4)

表 12-4 配分、评分标准与安全文明生产

主要内容	考 核 要 求	评 分 标 准	配分	扣分	得分
元件检查与安装	1. 按图纸的要求,正确利用工具和仪表,熟练地安装电气元器件 2. 元件在配电盘上布置要合理,安装要正确、紧固 3. 按钮盒固定在配电盘上	1. 电动机质量漏检查,每处扣 1 分 2. 电气元件漏检或错查,每处扣 1 分 3. 元件布置不整齐、不匀称、不合理,每只扣 1 分 4. 元件安装不牢固;安装元件时漏装螺钉,每只扣 1 分 5. 损坏元件,每只扣 2 分	5		
布线	1. 布线要求横平竖直,接线要求紧固、美观 2. 电源和电动机配线、按钮接线要接到端子排上,要注明引出端子标号 3. 导线不能乱线敷设	1. 电动机运行正常,但未按原理图接线,扣 1 分 2. 布线不横平竖直,主电路、控制电路每根扣 0.5 分 3. 接点松动,接头铜过长,反圈,压绝缘层,标记线号不清楚,有遗漏或误标,每处扣 0.5 分 4. 损伤导线绝缘或线芯,每根扣 0.5 分 5. 漏接接地线,扣 2 分 6. 导线乱线敷设,扣 10 分	10		
通电试验	在保证人身和设备安全的前提下,通电试验一次成功	1. 不会使用仪表,测量方法不正确,每个仪表扣 1 分 2. 主电路、控制电路熔体配错,每个扣 1 分 3. 各接点松动或不符合要求,每个扣 1 分 4. 热继电器未整定或整定错,扣 2 分 5. 一次试车不成功,扣 5 分;二次试车不成功,扣 10 分;三次试车不成功,扣 15 分	15		
安全文明生产	1. 劳动保护用品穿戴整齐 2. 电工工具佩带齐全 3. 遵守操作规程 4. 尊重考评员,讲文明礼貌 5. 考试结束要清理现场	1. 各项考试中,违反考核要求的任何一项,扣 2 分,扣完为止 2. 考生在不同的技能考试中违反安全文明生产考核要求同一项内容的,要累计扣分 3. 当考评员发现考生有重大事故隐患时,要立即予以制止,并每次从考生安全文明生产总分中扣 5 分	10		
备注	成绩				
	考评员签字		年 月 日		

实训三 双重联锁的三相异步电动机正反转控制电路

一、实训目的

（1）熟悉接触器的结构、原理和使用方法。

（2）掌握双重联锁的电机正反转控制线路的安装与布线。

（3）使用万用表检测、分析和排除故障。

二、实训所需电气元件明细表（见表12-5）

表 12-5　双重联锁的三相异步电动机正反转控制电路实训所需电气元件明细表

代　号	名　　　称	型　　　号	数量/个	备　注
QS	空气开关	DZ47-63-3P-10A	1	
FU1	熔断器	RT18-32-3P	1	3A
FU2	熔断器	RT18-32-3P	1	2A
KM1、KM2	交流接触器	LC1-D0610M5N	2	
FR1	热继电器	JRS1D-25/Z(0.63-1A)	1	
	热继电器座	JRS1D-25 座	1	
SB1	按钮开关	φ22-LAY16（红）	1	
SB3、SB4	按钮开关	φ22-LAY16（绿）	2	
M	三相鼠笼异步电动机	380V/△	1	

三、电路原理

双重联锁的三相异步电动机正反转控制电路如图12-5所示。该控制线路集中了按钮联锁和接触器联锁的优点，具有操作方便和安全可靠等优点，在电力拖动设备中常用。

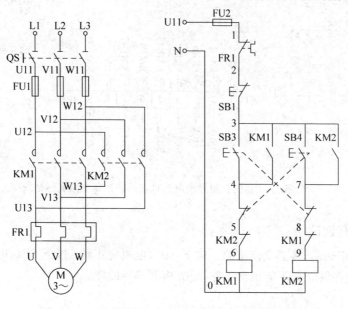

图 12-5　双重联锁的三相异步电动机正反转控制电路

四、实训接线

图 12-6 所示为单元接线图。图中标明了每个器件端子处接的线号及端子之间的连接，为接线和查线带来很大方便。接线完毕，应符合要求。

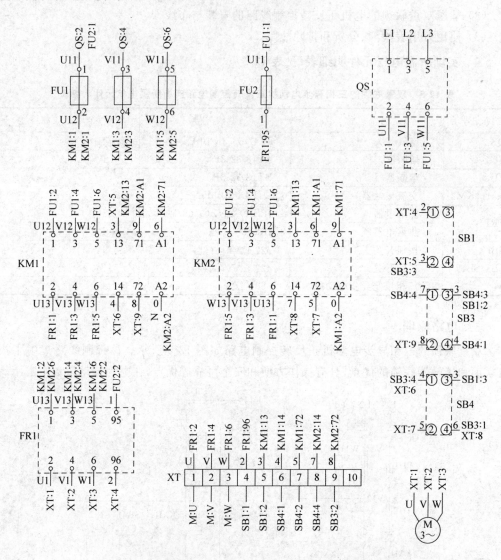

图 12-6　双重联锁的三相异步电动机正反转控制电路实际接线图

五、检查与调试

确认接线正确后，接通交流电源。按下 SB3，电机应正转；按下 SB4，电机应反转；按下 SB1，电机应停转。若不能正常工作，应分析并排除故障。

六、评分标准(见表 12-6)

表 12-6 配分、评分标准与安全文明生产

主要内容	考核要求	评分标准	配分	扣分	得分
元件检查与安装	1. 按图纸的要求,正确利用工具和仪表,熟练地安装电气元器件 2. 元件在配电盘上布置要合理,安装要正确、紧固 3. 按钮盒不固定在配电盘上	1. 电动机质量漏检查,每处扣1分 2. 电气元件漏检或错查,每处扣1分 3. 元件布置不整齐、不匀称、不合理,每只扣1分 4. 元件安装不牢固;安装元件时漏装螺钉,每只扣1分 5. 损坏元件,每只扣2分	5		
布线	1. 布线要求横平竖直,接线要求紧固、美观 2. 电源和电动机配线、按钮接线要接到端子排上,要注明引出端子标号 3. 导线不能乱线敷设	1. 电动机运行正常,但未按原理图接线,扣1分 2. 布线不横平竖直,主电路、控制电路每根扣0.5分 3. 接点松动,接头铜过长、反圈,压绝缘层,标记线号不清楚,有遗漏或误标,每处扣0.5分 4. 损伤导线绝缘或线芯,每根扣0.5分 5. 漏接接地线,扣2分 6. 导线乱线敷设,扣10分	10		
通电试验	在保证人身和设备安全的前提下,通电试验一次成功	1. 不会使用仪表,及测量方法不正确,每个仪表扣1分 2. 主电路、控制电路熔体配错,每个扣1分 3. 各接点松动或不符合要求,每个扣1分 4. 热继电器未整定或整定错,扣2分 5. 一次试车不成功,扣5分;二次试车不成功,扣10分;三次试车不成功,扣15分	15		
安全文明生产	1. 劳动保护用品穿戴整齐 2. 电工工具佩带齐全 3. 遵守操作规程 4. 尊重考评员,讲文明礼貌 5. 考试结束要清理现场	1. 各项考试中,违反考核要求的任何一项,扣2分,扣完为止 2. 考生在不同的技能考试中,违反安全文明生产考核要求同一项内容的,要累计扣分 3. 当考评员发现考生有重大事故隐患时,要立即予以制止,并每次从考生安全文明生产总分中扣5分	10		
备注		成绩			
		考评员签字		年 月 日	

13

任 务

工作台的往返控制

13.1 工作台的往返控制任务单

任务名称	工作台的往返控制		
任务内容	要　　求	学生完成情况	自我评价
工作台往返控制线路的识图	熟悉应用工作台往返控制		
	能够独立分析工作台往返控制线路图		
工作台往返控制线路的连接	熟练使用电工工具进行接线		
	使用万用表检测线路		
故障分析	能够对通电试车时出现的故障进行分析和排除		
考核成绩			
教学评价			
教师的理论教学能力	教师的实践教学能力		教师的教学态度
对本任务教学的建议及意见			

13.2 工作台的往返控制实训

有些生产设备的电动机一旦启动后,就要求正反转能够自动换接(例如,机械传动的自动往返工作台等),此时可利用行程开关构成自动往返控制电路。

一、实训目的

(1)掌握工作台自动往返控制线路的工作原理。

(2)掌握工作台自动往返控制线路的安装与布线。

(3)使用万用表检测、分析和排除故障。

二、实训所需电气元件明细表(见表 13-1)

表 13-1 工作台往返控制实训所需电气元件明细表

代 号	名 称	型 号	数量/个	备 注
QS	空气开关	DZ47-63-3P-10A	1	
FU1	熔断器	RT18-32-3P	1	3A
FU2	熔断器	RT18-32-3P	1	2A
KM1、KM2	交流接触器	LC1-D0610M5N	2	
FR1	热继电器	JRS1D-25/Z(0.63-1A)	1	
	热继电器座	JRS1D-25 座		
SQ1、SQ2、SQ3、SQ4	行程开关	JW2A-11H/L	4	
SB1	按钮开关	φ22-LAY16(红)	1	
SB3、SB4	按钮开关	φ22-LAY16(绿)	2	
M	三相鼠笼异步电动机	380V/△	1	

三、电路原理

自动往返控制电路如图 13-1 所示,主要由四个行程开关来进行控制与保护。其中,SQ2、SQ3 装在机床床身上,用来控制工作台自动往返;SQ1 和 SQ4 用于终端保护,即限制工作台的极限位置。在工作台的"T"形槽中装有挡块。当挡块碰撞行程开关后,使工作台停止和换向,工作台就能实现往返运动。工作台的行程可通过移动挡块位置来调节,以便加工不同的工件。

图中的 SQ1 和 SQ4,分别安装在向左或向右的某个极限位置上。如果 SQ2 或 SQ3 失灵,工作台继续向左或向右运动;当工作台运行到极限位置时,挡块碰撞 SQ1 或 SQ4,从而切断控制线路,迫使电机 M 停转,工作台停止移动。SQ1 和 SQ4 实际上起终端保护作用,因此称为终端保护开关,简称终端开关。

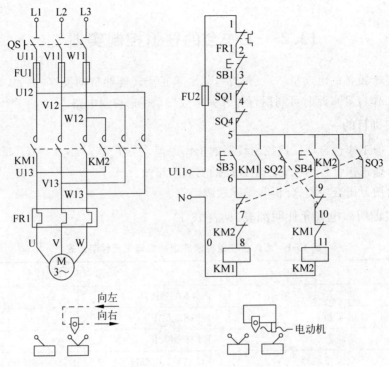

图 13-1　自动往返控制电路

该电路的工作原理简述如下。

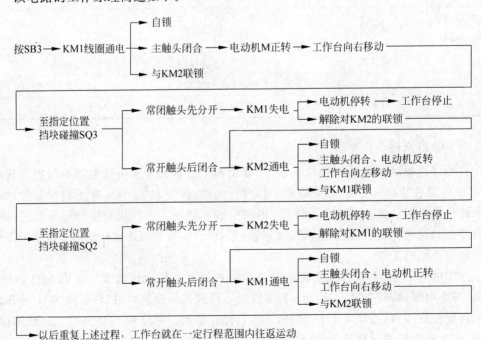

四、实训接线

接线可参考图 13-2,操作者应画出实际接线图。

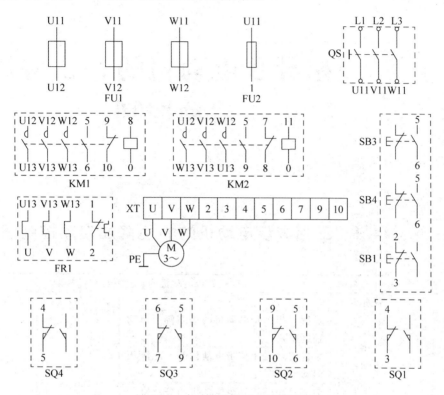

图 13-2 自动往返控制电路接线图

五、检查与调试

按 SB3,观察并调整电动机 M 为正转(模拟工作台向右移动)。用手代替挡块按压 SQ3 并使其自动复位,电动机先停转再反转(反转模拟工作台向左移动);用手代替挡块按压 SQ2 再使其自动复位,则电动机先停转再正转。重复上述过程,电动机都能正常正反转。若拨动 SQ1 或 SQ4 极限位置开关,电机应停转。若不符合上述控制要求,应分析并排除故障。

任务 14

三相异步电动机的丫-△降压启动控制

14.1 三相异步电动机的丫-△降压启动控制任务单

任务名称	三相异步电动机的丫-△降压启动控制		
任务内容	要　　求	学生完成情况	自我评价
三相异步电动机的丫-△降压启动控制	了解三相异步电动机的丫-△降压启动控制原理		
	掌握实际三相异步电动机的丫-△降压启动控制接线		
	能够发现三相异步电动机的丫-△降压启动现象		
	总结与考核		
考核成绩			
教学评价			
教师的理论教学能力	教师的实践教学能力		教师的教学态度
对本任务教学的建议及意见			

14.2 三相异步电动机的Y-△降压启动控制实训

一、实训目的

（1）熟悉时间继电器原理和使用方法。

（2）掌握时间继电器切换的Y-△启动控制线路的安装与布线。

（3）使用万用表检测、分析和排除故障。

二、实训所需电气元件明细表（见表14-1）

表 14-1 三相异步电动机Y-△降压启动控制实训所需电气元件明细表

代 号	名 称	型 号	数量/个	备 注
QS	空气开关	DZ47-63-3P-10A	1	
FU1	熔断器	RT114-32-3P	1	3A
FU2	熔断器	RT114-32-3P	1	2A
KM1、KM2	交流接触器	LC14-D0610M5N	2	
KM3	交流接触器	LC14-D0601M5N	1	
FR1	热继电器	JRS1D-25/Z(0.63-1A)	1	
	热继电器座	JRS1D-25 座	1	
KT	时间继电器	JSZ3A-B(0～60S)/220V	1	
	时间继电器方座	PF-083A	1	
SB1	按钮开关	φ22-LAY16(红)	1	
SB3	按钮开关	φ22-LAY16(绿)	1	
M	三相鼠笼异步电机	380V/△	1	

三、电路原理

Y-△启动控制电气原理如图14-1所示。Y-△启动是指为减少电动机启动时的电流，将正常工作接法为三角形的电动机，在启动时改为星形接法。此时，启动电流降为原来的1/3，启动转矩降为原来的1/3。线路的动作过程如下所述。

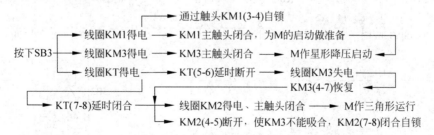

停车过程：按 SB1→KM1、KM2 失电释放，M 停转。

四、实践接线

接线图如图14-2和图14-3所示。其中，图14-2仅画出接线号（没有画出连接线）。图14-3是按国家标准用中断线标示的单元接线图，可以任选一种进行接线。

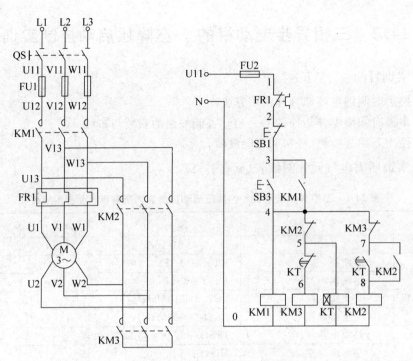

图 14-1　时间继电器切换丫-△启动原理图

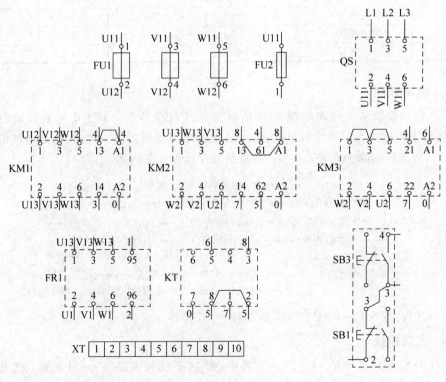

图 14-2　时间继电器切换丫-△启动元器件位置图

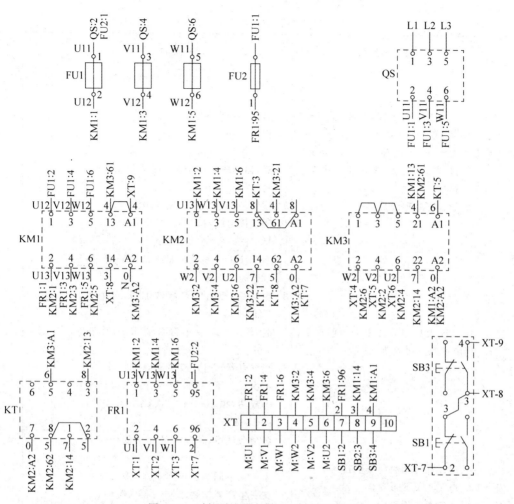

图 14-3 时间继电器切换Y-△启动接线图

五、检查与调试

确认接线正确,方可接通交流电源。合上开关 QS,按下 SB3,控制线路的动作过程应按原理所述。若操作中发现有不正常现象,应断开电源分析,排故后重新操作。

六、评分标准(见表 14-2)

表 14-2 配分、评分标准与安全文明生产

主要内容	考核要求	评分标准	配分	扣分	得分
元件检查与安装	1. 按图纸的要求,正确利用工具和仪表,熟练地安装电气元器件 2. 元件在配电盘上布置要合理,安装要正确、牢固 3. 按钮盒固定在配电盘上	1. 电动机质量漏检查,每处扣 1 分 2. 电器元件漏检或错查,每处扣 1 分 3. 元件布置不整齐、不匀称、不合理,每只扣 1 分 4. 元件安装不牢固;安装元件时漏装螺钉,每只扣 1 分 5. 损坏元件,每只扣 2 分	5		

主要内容	考核要求	评分标准	配分	扣分	得分
布线	1. 布线要求横平竖直,接线要求紧固、美观 2. 电源和电动机配线、按钮接线要接到端子排上,要注明引出端子标号 3. 导线不能乱线敷设	1. 电动机运行正常,但未按原理图接线,扣1分 2. 布线不横平竖直,主电路、控制电路每根扣0.5分 3. 接点松动,接头铜过长,反圈,压绝缘层,标记线号不清楚,有遗漏或误标,每处扣0.5分 4. 损伤导线绝缘或线芯,每根扣0.5分 5. 漏接接地线,扣2分 6. 导线乱线敷设,扣10分	10		
通电试验	在保证人身和设备安全的前提下,通电试验一次成功	1. 不会使用仪表及测量方法不正确,每个仪表扣1分 2. 主电路、控制电路熔体配错,每个扣1分 3. 各接点松动或不符合要求,每个扣1分 4. 热继电器未整定或整定错,扣2分 5. 一次试车不成功,扣5分;二次试车不成功,扣10分;三次试车不成功,扣15分	15		
安全文明生产	1. 劳动保护用品穿戴整齐 2. 电工工具佩带齐全 3. 遵守操作规程 4. 尊重考评员,讲文明礼貌 5. 考试结束要清理现场	1. 各项考试中,违反考核要求的任何一项,扣2分,扣完为止 2. 考生在不同的技能考试中,违反安全文明生产考核要求同一项内容的,要累计扣分 3. 当考评员发现考生有重大事故隐患时,要立即予以制止,并每次从考生安全文明生产总分中扣5分	10		
备注		成绩			
		考评员签字	年 月 日		

三相异步电动机的顺序控制

15.1　三相异步电动机的顺序控制任务单

任务名称	三相异步电动机的顺序控制		
任务内容	要　　求	学生完成情况	自我评价
三相异步电动机顺序控制线路的识图	熟悉顺序控制的应用		
	能够独立分析三相异步电动机顺序控制线路图		
三相异步电动机顺序控制线路的连接	熟练使用电工工具进行接线		
	使用万用表对线路进行检测		
故障分析	能够对通电试车时出现的故障进行分析和排除		
考核成绩			
教学评价			
教师的理论教学能力	教师的实践教学能力		教师的教学态度
对本任务教学的建议及意见			

15.2　三相异步电动机的顺序控制实训

一、实训目的

（1）掌握三相异步电动机顺序控制线路的工作原理。

（2）掌握三相异步电动机顺序控制线路的安装与布线。

（3）使用万用表检测、分析和排除故障。

二、实训所需电气元件明细表（见表 15-1）

表 15-1　三相异步电动机顺序控制实训所需电气元件明细表

代　号	名　　称	型　号	数量/个	备　注
QS	空气开关	DZ47-63-3P-10A	1	
FU1	熔断器	RT18-32-3P	1	3A
FU2	熔断器	RT18-32-3P	1	2A
KM1、KM2	交流接触器	LC1-D0610M5N	2	
FR1、FR2	热继电器	JRS1D-25/Z(0.63-1A)	2	
	热继电器座	JRS1D-25 座	2	
SB1、SB2	按钮开关	φ22-LAY16（红）	2	
SB3、SB4	按钮开关	φ22-LAY16（绿）	2	
M1	三相鼠笼异步电动机		1	
M2	三相鼠笼异步电动机		1	

三、电路原理

顺序控制的主电路如图 15-1 所示。在生产机械中，有时要求电动机间的启动、停止必须满足一定的顺序，如主轴电动机的启动必须在油泵启动之后，钻床的进给必须在主轴旋转之后等。可以在主电路，也可以在控制电路实现顺序控制。

在图 15-2(a)中，接触器 KM1 的另一对常开触头（线号为 5、6）串联在接触器 KM2 线圈的控制电路中。按下 SB3 时，电机 M1 启动运转；再按下 SB4，电机 M2 才会启动运转；若要 M2 电机停转，按下 SB2。在此电路中，SB1 是总开关，只要按下 SB1，电机 M1 和 M2 均停转。

在图 15-2(b)中，由于在 SB1 停止按钮两端并联一个接触器 KM2 的常开辅助触头（线号为 1、2），所以只有先使接触器 KM2 线圈失

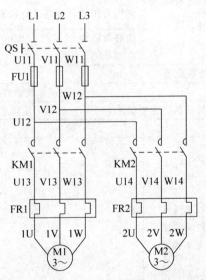

图 15-1　三相异步电动机顺序控制主电路

电，即电动机 M2 停止，同时 KM2 常开辅助触头断开，然后才能按 SB1 达到断开接触器 KM1 线圈电源的目的，使电动机 M1 停止。这种顺序控制线路的特点是：使两台电动机

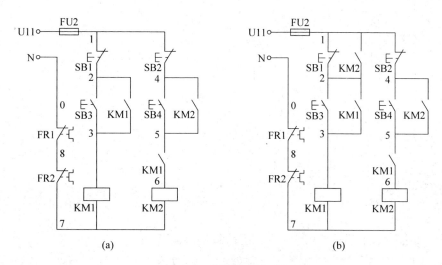

图 15-2 顺序控制电路

依次顺序启动,而逆序停止。

四、实践接线

接线参考图 15-3,操作者可画出实际接线图。

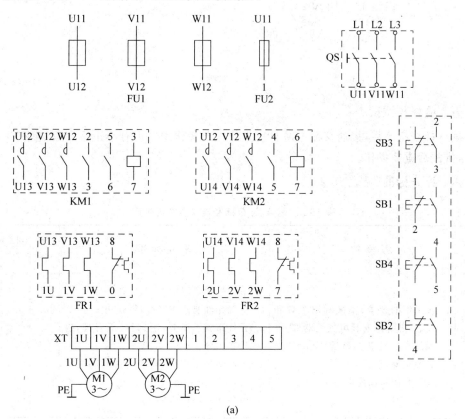

(a)

图 15-3 三相异步电动机顺序控制接线图

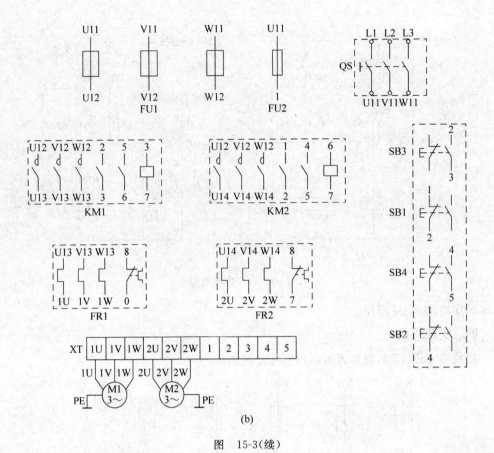

(b)

图 15-3(续)

五、检查与调试

确认接线正确后,接通交流电源自行操作。若操作中发现有不正常现象,应断开电源分析,排故后重新操作。

六、评分标准(见表 15-2)

表 15-2 配分、评分标准与安全文明生产

主要 内容	考 核 要 求	评 分 标 准	配 分	扣 分	得 分
元件 检查 与 安装	1. 按图纸的要求,正确利用工具和仪表,熟练地安装电气元器件 2. 元件在配电盘上布置要合理,安装要正确、牢固 3. 按钮盒固定在配电盘上	1. 电动机质量漏检查,每处扣 1 分 2. 电气元件漏检或错查,每处扣 1 分 3. 元件布置不整齐、不匀称、不合理,每只扣 1 分 4. 元件安装不牢固,安装元件时漏装螺钉,每只扣 1 分 5. 损坏元件,每只扣 2 分	5		

续表

主要 内容	考核要求	评分标准	配分	扣分	得分
布线	1. 布线要求横平竖直,接线要求紧固、美观 2. 电源和电动机配线、按钮接线要接到端子排上,要注明引出端子标号 3. 导线不能乱线敷设	1. 电动机运行正常,但未按原理图接线,扣1分 2. 布线不横平竖直,主电路、控制电路每根扣0.5分 3. 接点松动,接头铜过长,反圈,压绝缘层,标记线号不清楚,有遗漏或误标,每处扣0.5分 4. 损伤导线绝缘或线芯,每根扣0.5分 5. 漏接地线,扣2分 6. 导线乱线敷设,扣10分	10		
通电试验	在保证人身和设备安全的前提下,通电试验一次成功	1. 不会使用仪表或测量方法不正确,每个仪表扣1分 2. 主电路、控制电路熔体配错,每个扣1分 3. 各接点松动或不符合要求,每个扣1分 4. 热继电器未整定或整定错,扣2分 5. 一次试车不成功,扣5分;二次试车不成功,扣10分;三次试车不成功,扣15分	15		
安全文明生产	1. 劳动保护用品穿戴整齐 2. 电工工具佩带齐全 3. 遵守操作规程 4. 尊重考评员,讲文明礼貌 5. 考试结束要清理现场	1. 各项考试中,违反考核要求的任何一项,扣2分,扣完为止 2. 考生在不同的技能考试中,违反安全文明生产考核要求同一项内容的,要累计扣分 3. 当考评员发现考生有重大事故隐患时,要立即予以制止,并每次从考生安全文明生产总分中扣5分	10		
备注		成绩			
		考评员签字		年　月　日	

任务 16

三相异步电动机的反接制动

16.1　三相异步电动机的反接制动任务单

任务名称	三相异步电动机的反接制动		
任务内容	要　　求	学生完成情况	自我评价
三相异步电动机反接制动线路的识图	熟悉电气制动的方法		
	掌握时间继电器在反接制动中的作用		
	能够独立分析三相异步电动机反接制动线路图		
三相异步电动机反接制动线路的连接	掌握时间继电器的接线		
	熟练使用电工工具进行接线		
	使用万用表对线路进行检测		
故障分析	能够对通电试车时出现的故障进行分析和排除		
考核成绩			
教学评价			
教师的理论教学能力	教师的实践教学能力		教师的教学态度
对本任务教学的建议及意见			

16.2 三相异步电动机的反接制动实训

一、实训目的

（1）掌握降压启动及反接制动控制线路的工作原理。

（2）掌握降压启动及反接制动控制线路的安装与布线。

（3）使用万用表检测、分析和排除故障。

二、实训所需电气元件明细表（见表 16-1）

表 16-1　三相异步电动机反接制动实训所需电气元件明细表

代　号	名　　称	型　　号	数量/个	备　注
QS	空气开关	DZ47-63-3P-10A	1	
FU1	熔断器	RT18-32-3P	1	3A
FU2	熔断器	RT18-32-3P	1	2A
KM1、KM2	交流接触器	LC1-D0610M5N	2	
KM3、KM4	交流接触器	LC1-D0601M5N	2	
FR1	热继电器	JRS1D-25/Z(0.63-1A)	1	
	热继电器座	JRS1D-25 座	1	
SB1	按钮开关	ϕ22-LAY16（红）	1	
SB3	按钮开关	ϕ22-LAY16（绿）	1	
M	三相鼠笼异步电动机		1	带速度继电器
$R_1 \sim R_3$	电阻	75Ω/75W	3	

三、电路原理

反接制动控制线路工作原理图如图 16-1 所示。图中，KM1 为正转运行接触器，KM2

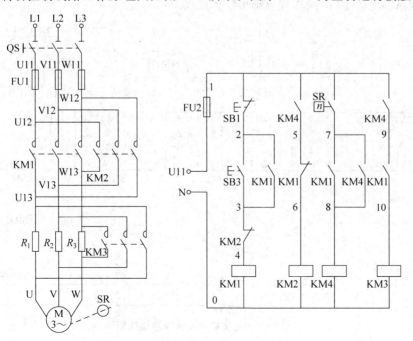

图 16-1　反接制动控制线路工作原理图

为反接制动接触器,用点划线和电动机 M 相连的 SR 表示速度继电器 SR 与 M 同轴。该电路动作过程分析如下。

1. 降压启动过程

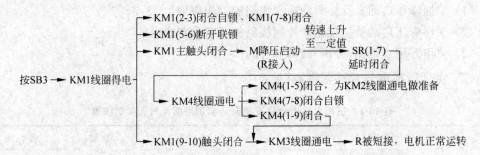

2. 反接制动过程

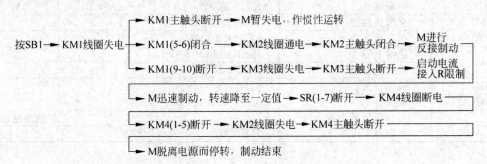

四、实训接线

接线可参照图 16-2,操作者应画出具体接线图。

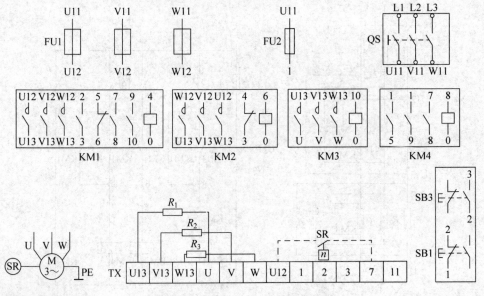

图 16-2 反接制动控制线路接线图

五、检查与调试

检查接线无误后,操作者可接通电源自行操作。若动作过程不符合要求或出现不正常,应分析并排除故障,使控制线路正常工作。

六、评分标准(见表16-2)

表 16-2 配分、评分标准与安全文明生产

主要内容	考核要求	评分标准	配分	扣分	得分
元件检查与安装	1. 按图纸的要求,正确利用工具和仪表,熟练地安装电气元器件 2. 元件在配电盘上布置要合理,安装要正确、紧固 3. 按钮盒不固定在配电盘上	1. 电动机质量漏检查,每处扣1分 2. 电气元件漏检或错查,每处扣1分 3. 元件布置不整齐、不匀称、不合理,每只扣1分 4. 元件安装不牢固,安装元件时漏装螺钉,每只扣1分 5. 损坏元件,每只扣2分	5		
布线	1. 布线要求横平竖直,接线要求紧固、美观 2. 电源和电动机配线、按钮接线要接到端子排上,要注明引出端子标号 3. 导线不能乱线敷设	1. 电动机运行正常,但未按原理图接线,扣5分 2. 布线不横平竖直,主电路、控制电路每根扣0.5分 3. 接点松动,接头铜过长,压绝缘层,标记线号不清楚,有遗漏或误标,每处扣0.5分 4. 损伤导线绝缘或线芯,每根扣0.5分 5. 漏接接地线,扣2分 6. 导线乱线敷设,扣10分	10		
通电试验	在保证人身和设备安全的前提下,通电试验一次成功	1. 不会使用仪表及测量方法不正确,每个仪表扣1分 2. 主电路、控制电路熔体配错,每个扣1分 3. 各接点松动或不符合要求,每个扣1分 4. 热继电器未整定或整定错,扣2分 5. 一次试车不成功,扣5分;二次试车不成功,扣10分;三次试车不成功,扣15分	15		
安全文明生产	1. 劳动保护用品穿戴整齐 2. 电工工具佩带齐全 3. 遵守操作规程 4. 尊重考评员,讲文明礼貌 5. 考试结束要清理现场	1. 各项考试中,违反考核要求的任何一项,扣2分,扣完为止 2. 考生在不同的技能考试中,违反安全文明生产考核要求同一项内容的,要累计扣分 3. 当考评员发现考生有重大事故隐患时,要立即予以制止,并每次从考生安全文明生产总分中扣5分	10		
备注	成绩				
	考评员签字		年 月 日		

典型控制电路的故障检查与排除

17.1 典型控制电路的故障检查与排除任务单

任务名称	三相异步电动机的自锁正转控制线路的故障检查与排除		
任务内容	要　　求	学生完成情况	自我评价
点动与连续运行控制线路分析	根据点动与连续运行控制线路,分析得到该电路的检测数据		
点动与连续运行控制的故障分析及排除	检测按钮、热继电器、空开、接触器是否完好		
	根据测量的数据,初步判断故障		
	使用电工工具进行检修		
	使用万用表对线路再次检测		
	通电试车		
总结	写出所排查线路的故障现象,分析过程和结果		
考核成绩			
教学评价			
教师的理论教学能力	教师的实践教学能力		教师的教学态度
对本任务教学的建议及意见			

任务名称	三相异步电动机的按钮、接触器双重联锁 正反转控制线路的故障检查与排除		
任务内容	要　求	学生完成情况	自我评价
双重联锁正反转控制线路的分析	根据双重联锁正反转控制线路,分析得到该电路的检测数据		
双重联锁正反转控制线路的故障分析及排除	检测按钮、热继电器、空开、接触器、时间继电器是否完好		
	根据测量的数据,初步判断故障		
	使用电工工具进行检修		
	使用万用表对线路再次检测		
	通电试车		
总结	写出所排查线路的故障现象,分析过程和结果		
考核成绩			
教学评价			
教师的理论教学能力	教师的实践教学能力		教师的教学态度
对本任务教学的建议及意见			

任务名称	三相异步电动机的丫-△降压启动控制的故障检查与排除		
任务内容	要　求	学生完成情况	自我评价
丫-△降压启动控制的分析	根据丫-△降压启动控制线路,分析得到该电路的检测数据		
丫-△降压启动控制线路的故障分析及排除	检测按钮、热继电器、空开、接触器是否完好		
	根据测量的数据,初步判断故障		
	使用电工工具进行检修		
	使用万用表对线路再次检测		
	通电试车		
总结	写出所排查线路的故障现象,分析过程和结果		
考核成绩			
教学评价			
教师的理论教学能力	教师的实践教学能力		教师的教学态度
对本任务教学的建议及意见			

17.2　典型控制电路的故障检查与排除实训

一、线路的检修方法(以点动与连续运行控制线路为例)

1. 目的要求

掌握点动与连续运行控制线路的故障分析和检修方法。

2. 工具与仪表

(1) 工具:测电笔、螺钉旋具、尖嘴钳、斜口钳、剥线钳、电工刀等。

(2) 仪表:万用表。

3. 电动机基本控制线路故障检修的一般步骤和方法

(1) 用试验法观察故障现象,初步判定故障范围。

试验法是在不扩大故障范围,不损坏电气设备和机械设备的前提下,对线路通电试验,通过观察电气设备和电器元件的动作,看它是否正常,各控制环节的动作程序是否符合要求,找出故障发生部位或回路。

(2) 用逻辑分析法缩小故障范围。

逻辑分析法是根据电气控制线路的工作原理、控制环节的动作程序以及它们之间的联系,结合故障现象做具体的分析,迅速地缩小故障范围,从而判断出故障所在。这是一种以"准"为前提,以"快"为目的的检查方法,特别适用于对复杂线路的故障检查。

(3) 用测量法确定故障点。

测量法是利用电工工具和仪表(如测电笔、万用表等)对线路进行带电或断电测量,是查找故障点的有效方法。下面介绍电压分阶测量法和电阻分阶测量法。

二、电压分阶测量法

测量检查时,首先把万用表的转换开关置于交流电压 750V 的挡位上,然后按照图 17-1 所示的电路图进行测量。断开主电路,接通控制电路的电源。若按下启动按钮 SB2,接触器 KM 不吸合,说明控制电路有故障。

检测时,需要两人配合。一人先用万用表测量 0 和 1 两点之间的电压。若电压为 380V,说明控制电路的电源电压正常。然后由另一人按下 SB2 不放,一人把黑表笔接到 0 点上,将红表笔依次接到 2、3、4 点,分别测量出 0-2、0-3、0-4 两点间的电压。根据测量结果,找出故障点,如表 17-1 所示。

表 17-1　电压分阶测量法查找故障点

故障现象	测试状态	0-2	0-3	0-4	故　障　点
按下 SB2 时,KM 不吸合	按下 SB2 不放	0	0	0	FR 常闭触头接触不良
		380V	0	0	SB1 常闭触头接触不良
		380V	380V	0	SB2 接触不良
		380V	380V	380V	KM 线圈断路

这种测量方法像下(或上)台阶一样依次测量电压,所以叫电压分阶测量法。

三、电阻分阶测量法

测量检查时,首先把万用表的转换开关置于倍率适当的电阻挡,然后按如图 17-2 所示方法进行测量。

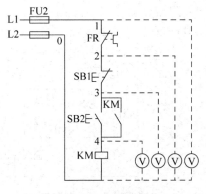

图 17-1　电压分阶测量法

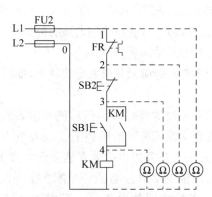

图 17-2　电阻分阶测量法

断开主电路,接通控制电路电源。若按下启动按钮 SB2,接触器 KM 不吸合,说明控制电路有故障。

检测时,首先切断控制电路电源(这与电压分阶测量法不同),然后一人按下 SB2 不放,另一人用万用表依次测量 0-1、0-2、0-3、0-4 各两点之间的电阻值。根据测量结果可找出故障点,如表 17-2 所示。

表 17-2　电阻分阶测量法查找故障点

故障现象	测试状态	0-1	0-2	0-3	0-4	故　障　点
按下 SB2 时, KM 不吸合	按下 SB2 不放	∞	R	R	R	FR 常闭触头接触不良
		∞	∞	R	R	SB1 接触不良
		∞	∞	∞	R	SB2 接触不良
		∞	∞	∞	∞	KM 线圈断路

注:R 为 KM 线圈电阻值。

根据故障点的不同情况,采取正确的维修方法排除故障。检修完毕,进行通电空载校验或局部空载校验。校验合格后,通电正常运行。

在实际维修工作中,由于电动机控制线路的故障各不相同;就算是同一种故障现象,发生的故障部位也不一定相同。因此,采用以上故障检修步骤和方法时,不要生搬硬套,而应按不同的故障情况灵活运用,妥善处理,力求迅速、准确地找出故障点,查明故障原因,及时、正确地排除故障。

四、排除线路中人为设置的两个电气故障

在控制电路和主电路中各设置故障一处。控制线路通电检查时,一般先查控制电路,后查主电路。

1. 控制电路

（1）用实验法观察故障现象

先合上电源开关 QS，然后按下 SB2 或 SB3，KM 均不吸合。

（2）用逻辑分析法判定故障范围

根据故障现象（KM 不吸合），结合电路图，初步确定故障点可能在控制电路的公共支路上。

（3）用测量法确定故障点

采用电压分阶测量法确定故障点，如图 17-3 所示。

先合上电源开关 QS，然后把万用表的转换开关置于交流 500V 电压挡上。一人按下 SB2 不放，另一人把万用表的黑表笔接到 0 点上，红表笔依次接 1、2、3、4 各点，分别测量 0-1、0-2、0-3、0-4 各阶之间的电压值。根据测量结果即可找出故障点，如表 17-3 所示。

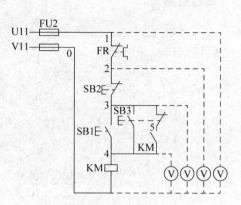

图 17-3　电压分阶测量法

表 17-3　用电压分阶测量法查找故障点

故障现象	测试状态	0-1	0-2	0-3	0-4	故　障　点
按下 SB2 时，KM 不吸合	按下 SB2 不放	0	0	0	0	FU2 熔断
		380V	0	0	0	FR 常闭触头接触不良
		380V	380V	0	0	SB1 接触不良
		380V	380V	380V	0	SB2 接触不良
		380V	380V	380V	380V	KM 线圈断路

查找故障点时，也可采用电阻分阶测量法。

（4）排除故障

根据故障点的情况，采取正确的检修方法排除故障。

① FU2 熔断。查明熔断的原因，排除故障后更换相同规格的熔体。

② FR 常闭触头接触不良。若按下复位按钮，热继电器常闭触头不能复位，说明热继电器已损坏，可更换同型号的热继电器，并调整好整定电流值；若按下复位按钮，FR 的常闭触头复位，说明 FR 完好，可继续使用，但要查明 FR 常闭触头动作的原因并排除。

③ SB1 接触不良，应更换按钮 SB1。

④ SB2 接触不良，应更换按钮 SB2。

⑤ KM 线圈断路，应更换相同规格的线圈或接触器。

本例设置的故障点是模拟电动机缺相运行后，FR 常闭触头断开。因此，按下 FR 复位按钮后，控制电路即正常。

2. 主电路

（1）用实验法观察故障现象

合上电源开关，按下 SB2 或 SB3 时，电动机转速极低，甚至不转，并发出"嗡嗡"声，应立即切断电源。

（2）用逻辑分析法确定故障范围

根据故障现象，结合本线路进行具体分析，判定故障范围可能在电源电路和主电路上。

（3）用测电笔确定故障点

先断开电源开关 QS，用测电笔检验主电路无电后，拆除电动机的负载线并恢复绝缘；再合上电源开关 QS，按下按钮 SB2，然后用测电笔从上至下依次测试 U11、V11、W11；U12、V12、W12；U13、V13、W13；U、V、W 各接点；当测到 W13 点时，发现测电笔的氖泡不亮，说明连接接触器输出端 W13 与热继电器受电端 W13 的导线开路。

（4）排除故障

根据故障点的情况，采用正确的检修方法排除故障：更换同规格的连接接触器输出端 W13 与热继电器受电端 W13 的导线。

检修完毕通电试车。重新连接好电动机的负载线，征得教师同意，并在教师监护下，合上电源开关 QS，按下 SB2 或 SB3，观察线路和电动机的运行是否正常，控制环节的动作程序是否符合要求，用钳形电流表测电动机三相电流是否平衡等。经检验合格后，电动机正常运行。

3. 注意事项

（1）检修前，先要掌握反接控制电路中各个控制环节的作用与原理。

（2）在排除故障的过程中，故障分析、排除故障的思路和方法要正确。

（3）在检修过程中，严禁扩大和产生新的故障。

（4）用测电笔检测故障时，必须检查测电笔是否符合使用要求。

（5）不能随意更改线路和带电触摸电气元件。

（6）仪表使用要正确，防止错误判断。

（7）带电检修故障时，必须有指导教师在现场监护，并确保用电安全。

五、电路故障检修评分标准（见表 17-4）

表 17-4 故障检修配分、评分标准

序号	主要内容	考核要求	评分标准	配分	扣分	得分
1	调查研究	对每个故障现象进行调查研究	排除故障前不进行调查研究，扣1分	1		
2	故障分析	在电气控制电路上分析故障可能的原因，思路正确	1. 错标或标不出故障范围，每个故障点扣2分	6		
			2. 不能标出最小的故障范围，每个故障点扣1分	3		
3	故障排除	正确使用工具和仪表，找出故障点并排除故障	1. 实际排除故障中思路不清晰，每个故障点扣2分	6		
			2. 每少查出一处故障点，扣2分	6		
			3. 每少排除一处故障点，扣3分	9		
			4. 排除故障方法不正确，每处扣3分	9		

序号	主要内容	考 核 要 求	评 分 标 准	配分	扣分	得分
4	其他	操作有误,要从此项总分中扣分	1. 排除故障时产生新的故障后不能自行修复,每个扣10分;已经修复,每个扣5分	40		
			2. 损坏电动机,扣10分	10		
5	安全文明生产	1. 劳动保护用品穿戴整齐 2. 电工工具佩带齐全 3. 遵守操作规程 4. 尊重考评员,讲文明礼貌 5. 考试结束要清理现场	1. 各项考试中,违反考核要求的任何一项,扣2分,扣完为止 2. 考生在不同的技能考试中,违反安全文明生产考核要求同一项目内容的,要累计扣分 3. 当考评员发现考生有重大事故隐患时,要立即予以制止,并每次从考生安全文明生产总分中扣5分	10		
备注			成绩			
			考评员签字		年 月 日	

参 考 文 献

[1] 邱关源.电路[M].4 版.北京：高等教育出版社,1999.

[2] 王兵.维修电工　国家职业技能鉴定指南[M].北京：电子工业出版社,2012.

[3] 许罗.电机与电气控制[M].北京：机械工业出版社,2011.

[4] 王仁祥.常用低压电器原理及控制技术[M].北京：机械工业出版社,2001.

[5] 胡幸鸣.电机及拖动基础[M].北京：机械工业出版社,1999.

[6] 方大千,方欣.家庭电气装修装饰问答[M].北京：国防工业出版社,2006.

[7] 尹克宁.变压器设计原理[M].北京：中国电力出版社,2003.

[8] 阳鸿钧.家居装饰电工指南[M].北京：中国电力出版社,2010.

[9] 电力企业复转军人培训系列教材编委会.低压电器和内线安装[M].北京：中国电力出版社,2013.